电力设备带电检测
典型案例分析

胡俊华　李立生　主　编

中国建材工业出版社

图书在版编目（CIP）数据

电力设备带电检测典型案例分析/胡俊华，李立生
主编. --北京：中国建材工业出版社，2023.7
  ISBN 978-7-5160-3663-1

  Ⅰ.①电… Ⅱ.①胡… ②李… Ⅲ.①电气设备－带
电测量－案例 Ⅳ.①TM93

  中国国家版本馆 CIP 数据核字（2023）第 013527 号

电力设备带电检测典型案例分析
DIANLI SHEBEI DAIDIAN JIANCE DIANXING ANLI FENXI
胡俊华　李立生　主　编

出版发行　中国建材工业出版社
地　　址：北京市海淀区三里河路 11 号
邮　　编：100831
经　　销：全国各地新华书店
印　　刷：北京天恒嘉业印刷有限公司
开　　本：787mm×1092mm　　1/16
印　　张：10.5
字　　数：220 千字
版　　次：2023 年 7 月第 1 版
印　　次：2023 年 7 月第 1 次
定　　价：128.00 元

本书编委会

主编单位： 国网浙江省电力有限公司

国网山东省电力公司电力科学研究院

组编单位： EPTC 变电专家工作委员会带电检测教研组

成员单位： 中国电力科学研究院有限公司

国网山东省电力公司超高压公司

国网宁夏电力有限公司检修公司

河北省电力有限公司邢台供电分公司

国网浙江省电力有限公司检修分公司

国家电网冀北电力科学研究院

国网重庆市电力公司电力科学研究院

国网上海市电力公司电力科学研究院

国网浙江省电力有限公司电力科学研究院

广州供电局有限公司电力试验研究院

国网天津市电力公司电力科学研究院

广西电网有限责任公司电力科学研究院

广州供电局有限公司荔湾供电局

内蒙古电力（集团）有限责任公司乌兰察布电业局

国网河南省电力公司技能培训中心

国网吉林省电力有限公司培训中心

中能国研（北京）电力科学研究院

山东华科信息技术有限公司

上海驹电电气科技有限公司

上海锐测电子科技有限公司

厦门加华电力科技有限公司

杭州国洲电力科技有限公司

广州科易光电技术有限公司

河南省日立信股份有限公司

保定天威新域科技发展有限公司

主　　编：胡俊华　李立生

副主编：张　永　杨　帆　张世栋　阎春雨

参编人员：颜湘莲　何文林　张　军　杨　森　柴梓淇　张　丹
　　　　　贾　艳　冯新岩　刘江明　马文长　乔胜亚　焦夏男
　　　　　李松原　苗　宇　苏　毅　杜　钢　陈莎莎　贾志林
　　　　　王劭菁　陈邓伟　游骏标　王国明　汤　敏　贾东升
　　　　　田孝华　赵璐旻　季宇豪　刘　敏　刘合金　苏国强
　　　　　张林利　杨会轩　宋　通　陈志刚　聂兴尧　刘　畅
　　　　　胡涵宁　王　辉

前　言

　　带电检测是指对在运行电压下的设备，由专门人员采用专用仪器对设备状态进行测量，具有无须停电、检测周期安排灵活、便于及时发现设备潜在缺陷、可监测隐患的变化趋势等优势。经过二十余年的研究和应用，带电检测已形成较为成熟的技术体系，涵盖特高频局部放电、超声、振动、红外热像和紫外放电等多种检测方法，在我国国家电网、南方电网等电力公司的变电站和输电线路巡视中已得到大规模应用。我国建设新型电力系统的进程逐渐深入，对电网安全可靠运行的要求也在不断提高，带电检测作为一种可减少停电损失、及时掌握设备健康状态的有效手段，未来势必在设备运维领域起到愈发重要的作用。然而在现场实践中，带电检测往往面临被检测设备复杂多样、判断阈值模糊、依赖检测人员经验以及如何综合多种方法对检测结果进行评估等问题，因此仍需要更多的案例和反馈用于学习交流和数据积累，以进一步优化、发展带电检测的技术体系。

　　全书收集了近年来国家电网公司在带电检测实际工作中的典型案例，从情况说明、检测过程、综合分析、验证情况等方面，分享了针对变压器、互感器、组合电器、避雷器、开关柜、环网柜和电缆等多类设备的缺陷检测成果和经验。本书内容可为电力设备带电检测工作提供指导。

　　本书在编写过程中得到了国家电网浙江省电力有限公司、国家电网山东省电力公司电力科学研究院、中国电力科学研究院有限公司、国家电网浙江省电力有限公司电力科学研究院、国家电网山东省电力公司检修公司、国家电网河南省电力公司技能培训中心、国家电网冀北电力科学研究院、国家电网重庆市电力公司电力科学研究院、国家电网上海市电力公司电力科学研究院、山东华科信息技术有限公司、上海驹电电气科技有限公司、上海锐测电子科技有限公司、厦门加华电力科技有限公司、杭州国洲电力科技有限公司、广州科易光电技术有限公司、河南省日立信股份有限公司、保定天威新域科技发展有限公司、中能国研（北京）电力科学研究院等机构及工作人员的大力支持和协助，他们提供了非常难得的素材和相关资料，并提出了宝贵的建议和意见。在此，向为本书编写工作付出辛勤劳动和心血的所有人员表示衷心的感谢。

　　希望本书能对从事带电检测技术研究和应用的同志给予一定帮助。由于编写工作量大，时间仓促，本书难免存在不足之处，敬请广大读者批评指正。

编　者

2023 年 1 月

目　　录

第一章　变压器带电检测案例分析

案例 1-1　66kV 油色谱异常变压器红外热像检测

1. 情况说明

某 66kV 变压器自 2018 年起油色谱检测结果出现异常，C_2H_4 占总烃 72.64%，后续持续跟踪监测发现 CO、CO_2 含量快速增长，同时变压器内部存在 700℃ 以上的高温热故障，固体绝缘介质劣化，怀疑因系统电压较高变压器超压运行导致过励磁发热。使用红外热像检测技术对该变压器进行带电检测，结果推断 C 相绕组引出线套管尾锥以下部位在升高座内出现引线断股或开焊的情况，A、B 两相套管出线处线夹接触不良。通过查阅、分析历年来该变压器绕组直流电阻的测量数据对该结论进行验证，结果与之高度吻合。

2. 检测过程

（1）检测仪器及装置

使用红外测温仪对该 66kV 变压器进行检测应合理控制拍摄距离和角度，使被检部位充满整个视场。根据 700℃ 内部高温热故障所处位置，需着重测量变压器升高座及套管部分。由于低压侧升高座易被遮挡，测量时应注意对准角度拍摄。

（2）检测数据

测量所得的关键红外图像如图 1-1-1 所示。

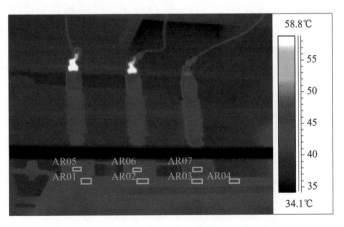

图 1-1-1　高频、特高频信号示波器波形图谱

3. 综合分析

根据测量所得的红外图像，整理该变压器各部位的温度情况见表 1-1-1。根据

图 1-1-1 和表 1-1-1，发现 C 相套管及升高座相对 A、B 两相存在 3～4.5K 的温升，其升高座以上区域均匀过热，推断 C 相绕组引出线套管尾锥以下部位在升高座内出现引线断股或开焊的情况，为严重缺陷；同时 A、B 两相套管出线处线夹相对 C 相明显过热，最大温差为 18.4K，推断由 A、B 相套管导线杆与线夹、线夹与导线接触不良导致，为一般缺陷。

表 1-1-1　变压器各部位温度　　　　　　　　　　　单位：℃

检测位置	区域内最高温度			说明
	A 相	B 相	C 相	
套管上部温度	43.0	43.1	47.4	套管第一个磁裙下
套管升高座上层温度	43.6	43.9	47.2	
套管升高座中下部温度	43.4	43.6	46.6	
油箱上部温度	43.0	43.5	43.6	外侧 43.5
套管设备线夹	67.7	60.8	49.3	

4. 验证情况

查阅历年变压器绕组直流电阻测量数据，见表 1-1-2。

表 1-1-2　历次变压器一次绕组直流电阻值　　　　　　单位：Ω

测试时间	线电阻			换算为相电阻			相电阻偏差
	R_{AB}	R_{BC}	R_{CA}	R_A	R_B	R_C	%
2014.09.23	1.870	1.870	1.870	2.8050	2.8050	2.8050	0
2015.05.25	1.780	1.790	1.790	2.6900	2.6601	2.6900	1.12
2017.10.08	1.838	1.883	1.884	2.8496	2.7136	2.8465	4.85

根据历年直流电阻测量值数据可知，2014 年 9 月变压器一次绕组各相的直流电阻相互平衡。但自 2015 年 5 月发现变压器一次绕组 A、C 两相直流电阻相对 B 相开始同步增大，偏差为 1.12%。2017 年 10 月发现一次绕组 A、C 两相的相电阻继续同步增大，偏差已达 4.85%，超出规定标准。依据图 1-1-2 所示的该变压器一次绕组接线，其 C 相引出线连接 A、C 两相绕组。故推断 A、C 两相绕组相电阻直流电阻均等比例增大

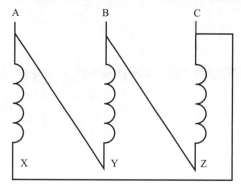

图 1-1-2　变压器一次绕组接线

的原因，应为 A、C 相绕组引出线相连后的共同引线出现开焊或断股等在大负荷状态下发热引发的缺陷，该分析结果与油色谱检测和红外检测的结果高度吻合。

5. 案例总结

该案例说明，对于大型变压器（电抗器、互感器）等设备进行红外检测时，可结合绝缘油色谱、直流电阻测量等数据进行综合分析，从而更准确地判断缺陷的类型、所处位置及严重程度。

案例 1-2　110kV 变压器车载高频局部放电检测

1. 情况说明

2013 年 10 月通过 PDtect4 车载式特高频局部放电检测定位仪对 110kV 某站进行巡检时发现♯1 主变压器附近存在明显的放电信号。后进一步使用该仪器对此异常信号开展定位工作，结果显示该放电源位于♯1 主变 C 相套管末屏处。对 C 相套管末屏进行拆解后发现该位置接地不良，存在非常严重的电蚀痕迹以及因放电产生的大量黑色粉末，与高频局部放电检测的结果一致。

2. 检测过程

（1）检测仪器及装置

PDtect4 车载式特高频局部放电检测定位仪。

（2）检测数据

通过 PDtect4 车载式特高频局部放电检测定位仪对 110kV 某站进行巡检时，于♯1 主变压器附近检测到异常信号，其频域图及时域图如图 1-2-1 和图 1-2-2 所示。

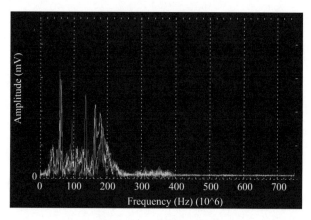

图 1-2-1　频域图谱

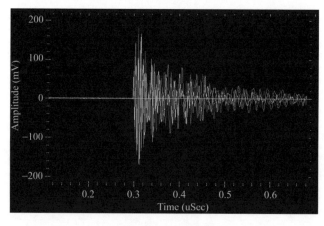

图 1-2-2　时域图谱

3. 综合分析

由图 1-2-1 的频域图谱可知，该异常信号的频域分量集中于 0～240MHz，且在该范围内的某些频段附近表现出显著的峰值特征；由图 1-2-2 的时域图谱可知，0.3μs 后才出现区别于正常状态的异常信号，且成快速震荡衰减态势，可见该信号的出现具有间歇性和短时性。

上述特性符合变压器异常局部放电信号的特征，因此推断该变压器某处存在局部放电缺陷，遂对该信号进行近一步的定位工作，车载式特高频局部放电检测定位仪给出的定位图谱如图 1-2-3 所示。根据现场设备方位的实际布置情况，最终将该放电源定位于 ♯1 主变压 C 相套管末屏处，如图 1-2-4 所示。

图 1-2-3　局部放电源定位方位图

图 1-2-4　局部放电源位于主变压 C 相套管末屏处

4. 验证情况

对 C 相套管末屏进行拆解后发现该位置接地不良，存在非常严重的电蚀痕迹以及因放电产生的大量黑色粉末，与高频局部放电检测的结果一致。

5. 案例总结

车载式特高频局部放电检测定位系统，在"日常巡检"中可实现对变电设备放电性缺陷的快速检测，其结果有一定的参考价值，可作为初步诊断的依据。它具有"无接触式"的局部放电源自动定位功能，可提高现场检测的效率和安全性。

案例 1-3　220kV 主变压器绕组变形振动检测

1. 情况说明

2012 年 3 月 6 日，某 220kV 主变压器遭受低压侧近区短路，短路电流 17.6kA，超过该主变压器可承受的短路电流值（14kA），短路后的油色谱分析显示存在微量乙炔。2012 年 3 月 8 日，采用某厂家生产的 KLJC-18A 型仪器，对该主变压器进行了基于振动原理的变压器绕组变形带电检测，测试结果显示振动相关性 MPC 结果值为 0.67，可以判断出该变压器机械稳定性出现异常，可能存在故障。2012 年 4 月 3 日，对该主变压器进行吊罩解体，检查发现该主变压器低压侧 A 相绕组存在严重的扭曲变形，与振动检测结果一致。

2. 检测过程

（1）检测仪器及装置

使用 KLJC-18A 型变压器绕组变形检测仪，振动检测点应尽量选取距离变压器绕组最近的油箱壁处，并且远离加强筋及散热装置。检测点对应绕组的上部、下部两点布置，对于体积较大的变压器可以采用上部、中部、下部三点布置。传感器采用永磁体吸附于变压器油箱表面，永磁体吸力不低于 50N。

采样方式分手动和自动两种。采样频率为 10kHz。每次采样时间不少于 50ms。采用手动方式时手动控制开始和结束，中间不间断采样；采用自动方式时每分钟进行一次全部通道的信号采集。

2012 年 3 月 8 日，对该主变压器进行了基于振动原理的绕组变形测试。测点布置如图 1-3-1 所示，其中圆圈表示测点对应的传感器位置。

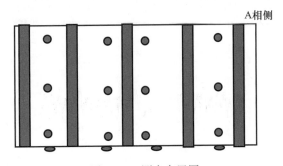

图 1-3-1　测点布置图

（2）检测数据

该主压器变典型测点的振动测试结果如图 1-3-2 所示。从振动大小来看，该变压器的振动在正常范围之内。从振动频谱看，该变压器的振动虽然主要分布在 1000Hz 以下，高次谐波分量较少，但低频部分出现了一些非整次谐波分量，噪声现象较为明显。

该主变压器于 2012 年 3 月 17 日停电的短路阻抗数据见表 1-3-1，测试结果表明，该主变压器的绕组的短路阻抗误差指标大多超标。

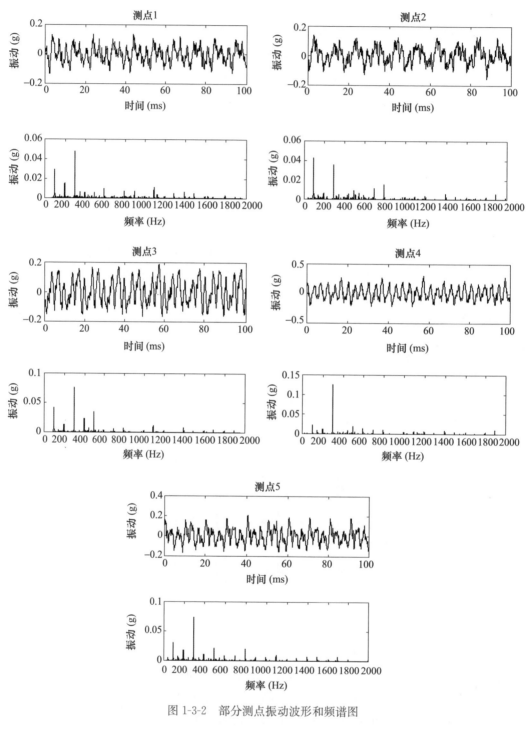

图 1-3-2　部分测点振动波形和频谱图

表 1-3-1　短路故障后阻抗数据（2012 年 3 月）

加压端	连接方式		分接档位		阻抗电压 U_k（%）	U_k 初值（%）	U_k 误差（%）<±％2
	测量部位	短路部位	测量侧	短路侧			
ABC-O	高压	中压	第1挡	第1挡	8.97	8.3	8.07
ABC-O	高压	中压	第3挡	第1挡	8.25	8.3	−0.60
ABC-O	高压	中压	第5挡	第1挡	7.65	8.3	−7.83
ABC-O	高压	低压	第1挡	第1挡	31.38	30.4	3.22
ABC-O	高压	低压	第3挡	第1挡	30.61	30.4	0.69
ABC-O	高压	低压	第5挡	第1挡	30.01	30.4	−1.28
ABC-O	中压	低压	第1挡	第1挡	20.39	20.2	0.94

该主变压器的油色谱数据见表1-3-2。从油色谱数据来看，短路故障后该主变压器油中出现微量乙炔，同时氢气和总烃存在一定程度的增长。

表 1-3-2　油色谱历史数据（单位：μL/L）

时间	H_2	CH_4	C_2H_6	C_2H_4	C_2H_2	CO	CO_2	总烃
2011.8	100.32	52.88	6.98	2.27	0	1726	2977	62.13
2012.7	122.62	63.03	9.75	3.18	0.38	1519	1798	76.33

3. 综合分析

（1）干扰识别

① 变压器其他部件的振动也会对油箱表面的测量结果造成影响，如有载分接开关的操作及冷却系统（风扇和油泵）。机械振动信号的最大特征是信号幅值与工频周期之间无相位特征，即呈现出"白噪声"的信号特征，且振动信号频率与工频周期频率整数倍无关联关系。

② 变压器直流偏磁电流也会造成振动测试结果异常。存在直流偏磁时振动干扰信号的最大特征是信号中存在较大幅值的非工频偶次倍数谐波，如图1-3-3所示。

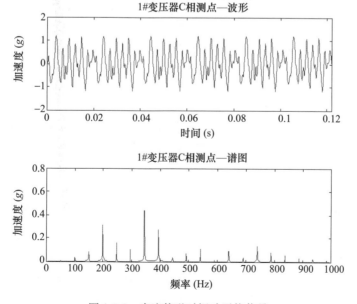

图 1-3-3　直流偏磁时振动干扰信号

（2）振动法诊断阈值

振动法变压器绕组变形测试分析时，可以根据振动信号的频率复杂度、振动平稳性、能量相似度和振动相关性这四个特征参量对变压器的整体状态进行综合分析判断。对于一台实际运行的变压器，可根据变压器振动测试结果对其状态进行基于概率估计的变压器机械稳定性评估，并将变压器分为正常、注意、异常三种情况，判断依据见表 1-3-3。

表 1-3-3 各诊断方法阈值与变压器机械结构状态的关系

	正常	注意	异常
频率复杂度（FCA）	FCA≤1.7	1.7＜FCA＜2.1	FCA≥2.1
振动平稳性（DET）	DET≥0.5	0.3＜DET＜0.5	DET≤0.3
能量相似度（EDR）	EDR≤4%	4%＜EDR＜7%	EDR≥7%
振动相关性（MPC）	MPC≥0.8	0.7＜MPC＜0.8	MPC≤0.7

（3）振动法诊断结果

各个测点的振动特征值（列出前五个测点为例）见表 1-3-4。FCA 值结果表明，该主变压器振动的频率成分集中度不高，频率组成较复杂，整体运行状态较差。另外，DET 值都在 0.1 以下，说明测点对应位置的机械机构确定性极差，系统确定性也很低，变压器整体出现机械故障的可能性很高。从 EDR 值结果来看，各测点的值均超出阈值很多。从变压器振动相关性 MPC 结果值来看，该主变压器的 MPC 值为 0.67，可以判断出该变压器机械稳定性异常，可能存在故障。

表 1-3-4 振动特征值结果

测点编号	正常值	1#	2#	3#	4#	5#
FCA 值	≤1.7	2.27	2.31	2.12	1.89	2.31
DET 值	≥0.5	0.03	0.02	0.08	0.06	0.06
EDR 值（%）	≤7	10.5	12.7	11.9	10.5	13.4
MPC 值	≥0.8	0.67				

基于频率复杂度、振动平稳性、能量相似度和振动相关性的振动检测结果显示，该主变压器的各个指标参数均严重超过阈值，因此该变压器被诊断为异常变压器。

（4）综合分析结果

结合该主变振动测试和常规电气、油化测试结果，分析认为该主变压器在遭受近区短路后绕组发生变形、铁心松动的可能性极大，存在较大的安全运行风险，应尽快开展吊罩检查。

4. 验证情况

2012 年 4 月 3 日，对该主变压器进行了吊罩解体，检查发现该压器低压侧 A 相绕组存在严重的扭曲变形，如图 1-3-4 所示，与振动检测结果一致。

图 1-3-4　变压器绕组吊罩检查结果

5. 案例总结

该案例表明，基于振动原理的绕组变形带电检测方法对于变压器绕组变形具有良好的检测效果。结合其他试验结果进行综合分析，对提高绕组变形振动检测结果的可靠性具有积极作用。

案例 1-4　油室乙炔含量超标的变压器有载分接开关声学振动及驱动电机电流检测

1. 情况说明

2019 年年初，南方电网某变电站油灭弧变压器有载分接开关（OLTC）油室乙炔含量超标，此前该地区已经发生过 OLTC 油室起火事故。通过对此变电站 OLTC 进行的声学振动检测发现分接过程中存在轻微抖动，判断触头不平整，通过驱动电机电流信号分析发现储能电机交流接触器存在严重拉弧现象。

2. 检测过程

（1）检测仪器及装置

变压器有载分接开关声学振动及驱动电机电流测试仪。对 OLTC 进行声学振动及驱动电机电流检测，根据测得振动及电流信号时域特性、频域特性及时频分布特性，分析故障类型。对比吊芯检查，确认故障类型和故障点，根据实际情况提出维修方案。

（2）检测数据

测得的 OLTC 声学振动及驱动电机电流信号如图 1-4-1 所示。

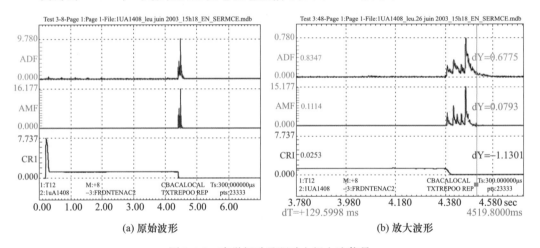

(a) 原始波形　　　　　　　　　(b) 放大波形

图 1-4-1　声学振动及驱动电机电流信号

3. 综合分析

（1）OLTC 典型故障波形

① 正常动作

有载分接开关正常动作时，典型声学振动及驱动电机电流信号波形如图 1-4-2 所示。

② 触头磨损

有载分接开关在触头磨损情况下动作时，典型声学振动及驱动电机电流信号波形如图 1-4-3 所示。

③ 触头烧弧

有载分接开关在触头烧弧情况下动作时，典型声学振动及驱动电机电流信号波形如

图 1-4-4 所示。

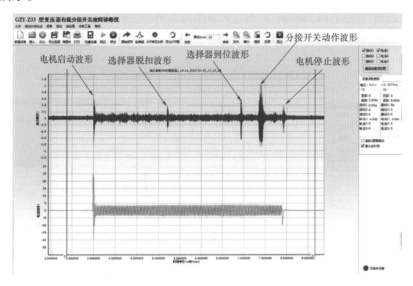

图 1-4-2 正常动作声学振动及驱动电机电流信号

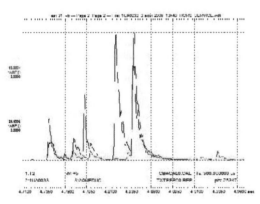

(a) 振动信号包络对比

(b) 触头磨损照片

图 1-4-3 触头磨损分析

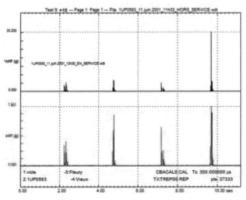

(a) 在线与离线测试信号对比

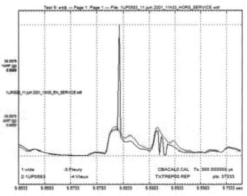

(b) 信号局部放大

图 1-4-4 触头烧弧分析

④ 电机润滑不足

有载分接开关在电机润滑不足情况下动作时，典型声学振动及驱动电机电流信号波形如图 1-4-5 所示。

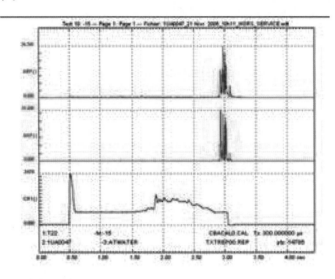

图 1-4-5　润滑不足分析

正常的电机电流波形在其运动轨迹的末尾跃降前保持平滑，而电机润滑不足会产生大的毛刺，导致电机电流跃降前出现尖锐的上升波形。

（2）OLTC 检测结果分析

图 1-4-1（b）本次为 OLTC 声学振动及驱动电机电流检测结果的原始波形，其振动信号包络形态与图 1-4-3（a）所示的触头磨损典型波形相近，故推断其触头表面因磨损导致不平整，为分接过程轻微振动的来源。同时，其电机电流曲线衰减与振动信号曲线不同步，零点与之相比存在 129ms 的时延，故推断驱动电机的交流接触器存在拉弧现象。

4. 验证情况

吊芯检查发现，分接开关触头部分的约 1/4 已被烧毁，这是由于触头表面不平整，经长期动作过程中反复剧烈摩擦、过热而导致的。拆开驱动电机控制单元的交流接触器检查，发现其 C 相触头已发黑，这是由于拉弧导致的严重电蚀痕迹。可见本次检测结果与设备实际故障情况高度吻合。另外，上述两处更换新配件后，该 OLTC 分接过程轻微抖动消失，控制继电器拉弧现象明显减小，进一步证明检测结果的可靠性。

5. 案例总结

声学振动及驱动电机电流检测是目前可用于 OLTC 带电检测的唯一较成熟手段。通过多方面全维度的分析，它可在没有原始数据对比的情况下准确识别 OLTC 的机械故障、开关拉弧、驱动机构卡涩三相切换不同步以及控制继电器拉弧等问题。

案例 1-5 1000kV 高压并联电抗器高频、超声波、 特高频局部放电检测和定位

1. 情况说明

2017 年 12 月，某电力公司综合采用高频、超声波、特高频法对某特高压变电站内的 1000kV 线路 A 相高压并联电抗器进行局部放电带电检测，发现其内部存在异常的高频、超声波、特高频局部放电信号。

2. 检测过程

（1）检测仪器及装置

高频局部放电检测仪、超声波局部放电检测仪、特高频局部放电检测仪。

（2）检测数据

① 高频局部放电检测与定位分析

采用高频局部放电检测仪分别在高抗器身 1 铁心、夹件，器身 2 铁心、夹件处进行检测，检测图谱如图 1-5-1～图 1-5-4 所示。

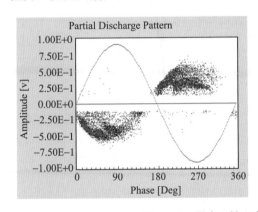 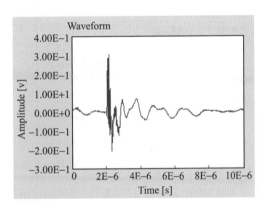

图 1-5-1 器身 1 铁心高频 PRPD 及原始波形图谱

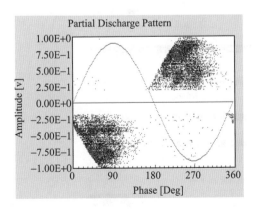 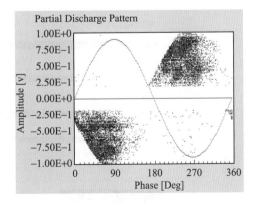

图 1-5-2 器身 1 夹件高频 PRPD 及原始波形图谱

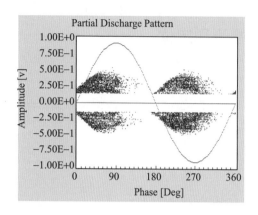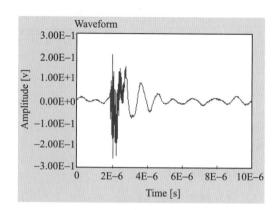

图 1-5-3　器身 2 铁心高频 PRPD 及原始波形图谱

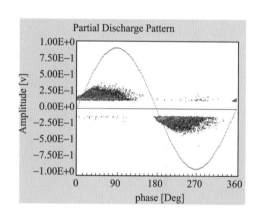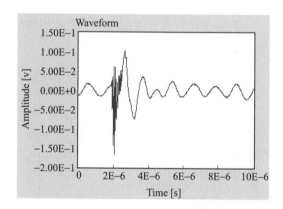

图 1-5-4　器身 2 夹件高频 PRPD 及原始波形图谱

为排除地网干扰的可能性，现场利用示波器进行特高频与高频联合检测，确认特高频信号与高频信号具有相关性，检测图谱如图 1-5-5 所示。

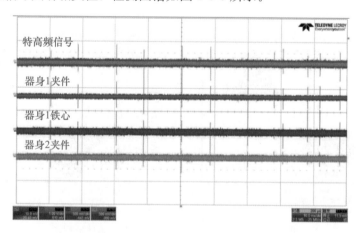

图 1-5-5　高频、特高频信号示波器波形图谱

根据高频局部放电检测仪、示波器检测的高频信号幅值、极性特征判断，放电源应靠近器身 1 夹件或与 2 夹件连接的部件附近。高频信号特征与典型油浸压制板、多小空隙分布局部放电检测图谱相似。

② 超声波局部放电检测与定位分析

采用超声波局部放电检测仪对异常高抗进行检测，所得超声信号图谱特征明显，具有明显的 100Hz 相关性，如图 1-5-6 所示。

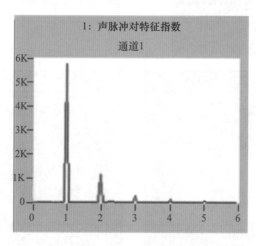

图 1-5-6　超声波检测图谱

为排除高抗运行时机械振动对局部放电检测的影响，采用基于超声、高频法的声电联合局部放电检测仪进行了检测，检测图谱如图 1-5-7 所示。

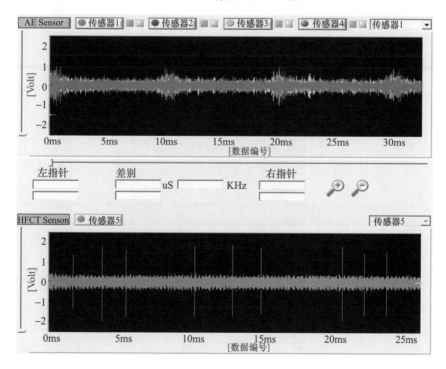

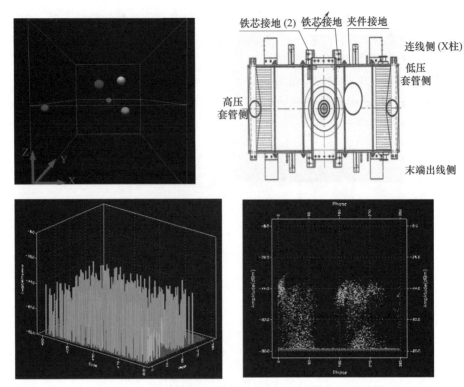

图 1-5-7 基于超声波、高频法的声电联合定位检测图谱

经检测发现，超声波与高频信号具有相关性，基于超声、高频法检测的声电联合定位结果为 X：2.60m，Y：1.42m，Z：2.03m。

③ 特高频局部放电检测与定位分析

采用特高频局部放电检测仪在高抗上部油箱盖缝隙处进行特高频局部放电检测，图谱呈现绝缘类放电类型，检测图谱如图 1-5-8 所示。

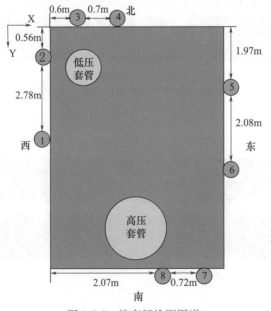

图 1-5-8 特高频检测图谱

随后将布置在高抗上部油箱盖缝隙处的多路特高频信号接入用示波器进行了特高频定位检测。测试时利用多传感器法，即在高抗器身上同时布置4路特高频传感器，通过这4路特高频传感器两两之间的相时差来确定信号源的具体位置。传感器的布置位置、坐标系建立如图1-5-8所示，其中传感器①、②、⑤和⑥为一组，传感器①、③、⑥和⑦为一组，传感器①、④、⑥和⑧为一组。三组传感器检测的特高频信号波形分别如图1-5-9～图1-5-11所示。

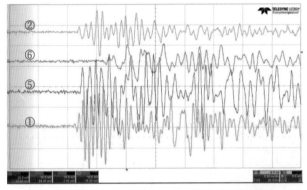

图1-5-9　特高频传感器①、②、⑤和⑥特高频波形
（其中①领先②约0.3ns，①领先⑤约0.8ns，①领先⑥约5ns）

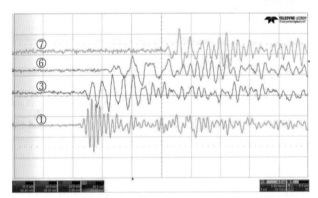

图1-5-10　特高频传感器①、③、⑥和⑦特高频波形
（其中①领先③约1ns，①领先⑥约5ns，①领先⑦约14.4ns）

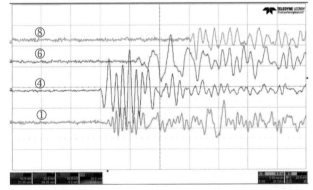

图1-5-11　特高频传感器①、④、⑥和⑧特高频波形
（其中④领先①约1.4ns，④领先⑥约6.4ns，④领先⑧约15.6ns）

根据图 1-5-9～图 1-5-11 中不同传感器间接收信号的时差和各传感器的位置坐标（高抗尺寸：X：3.4m，Y：6.8；Z：4m），并假设放电信号在高抗内部为无障碍传播，可以分别计算三组不同传感器布置方式下信号源的位置坐标，计算结果见表 1-5-1，大致位置如图 1-5-12 所示。

表 1-5-1　信号源的大致坐标　　　　　　　　　　　单位：m

坐标	位置 1	位置 2	位置 3
X	1.338	1.184	1.217
Y	1.993	1.991	1.687
Z	3.606	2.313	2.455

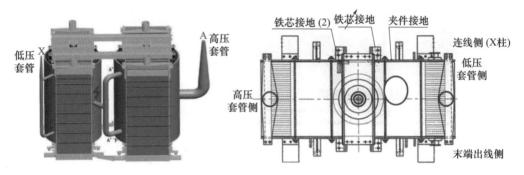

图 1-5-12　放电源大致位置

3. 综合分析

根据高频、超声波、特高频检测和定位结果，放电源位于高抗器身 1 夹件或与夹件相连部件处，大致位置为距高抗器底座高度（278±30）cm，距高抗器西侧壁（125±30）cm，距高抗器北侧（189±30）cm。

4. 验证情况

2018 年 1 月 24 日，该高抗器返厂解体发现 X 柱地屏铜带整体褶皱现象均非常明显。X 柱地屏共由 72 根铜带构成，第 36、39、42、45、48 根（自下往上）铜带的褶皱部位及其外包绝缘电缆纸均存在黑色放电痕迹（图 1-5-13），地屏纵向靠中间部位铜带均匀性地间隔呈现过热颜色加深现象（图 1-5-14）。

分析认为该型号高抗器地屏结构工艺存在缺陷，金属铜带水平布置方式、干燥工艺导致铜带褶皱产生并引起放电，更换全部地屏，改进地屏结构工艺。建议将水平布置的铜带改为垂直布置的不锈钢带，增加地屏包绕绝缘电缆纸预干燥工序，加强地屏包绕的工艺质量管控，避免地屏金属铜带出现褶皱。

5. 案例总结

该案例表明对于大型变压器（电抗器）类设备进行局部放电检测时，可采用高频、超声波、特高频等多种检测技术进行相互验证，以对信号进行综合分析。

基于超声波、高频局部放电检测的声电联合定位法和基于特高频局部放电检测的时差定位法可以对放电源进行大致定位，同时基于高频局部放电信号强度的幅值定位法可对放电源位置进行辅助分析。

 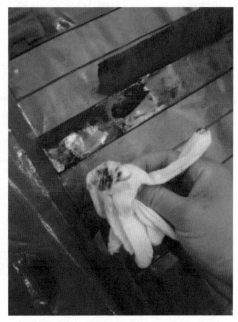

图 1-5-13　X柱地屏整体情况　　　　图 1-5-14　X柱地屏铜带褶皱处放电碳迹

案例 1-6 1000kV 乙炔异常高压并联电抗器带电检测

1. 情况说明

2020 年 2 月 26 日，某 1000kV 特高压站某线高抗器 B 相乙炔在线油色谱乙炔数据由 $1.8\mu L/L$ 突增至 $3.4\mu L/L$，开展离线油色谱分析测得乙炔值为 $3.71\mu L/L$，与 1 月 13 日离线值 $1.16\mu L/L$ 相比存在突变，乙炔含量及增长速度明显增加。浙江公司于 2 月 26—27 日对该高抗器进行现场带电检测，结果表明高抗器内部存在异常连续局部放电信号，该信号同时呈现悬浮放电、绝缘缺陷两种特征。局部放电信号定位显示放电源位于高抗器 Y 柱夹件区域。

2. 检测过程

（1）检测仪器及装置

PD-check 高频局部放电检测仪、重症监护系统的高频局部放电检测模块、EC4000 局部放电检测仪、高速示波器、Pocket AE 超声波检测仪、PAC2000 超声波定位仪。

（2）检测数据

① 高频局部放电检测

2 月 26 日，使用 PD-check 高频局部放电检测仪对该线高抗器 B 相进行高频局部放电检测，发现该线高抗器 B 相高抗器身 1（Y 柱）、器身 2（B 柱）的铁心和夹件均可以检测到明显的高频局部放电信号，检测图谱如图 1-6-1、图 1-6-2 所示。根据信号特征初步判断该高频局部放电信号源位于器身 1 夹件或与夹件相连的部件上。

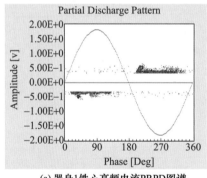

(a) 器身1铁心高频电流PRPD图谱

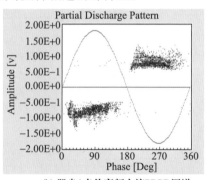

(b) 器身1夹件高频电流PRPD图谱

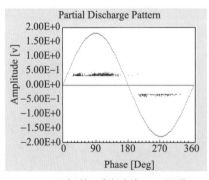

(c) 器身2铁心高频电流PRPD图谱

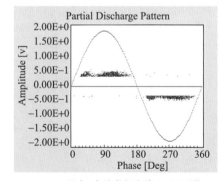

(d) 器身2夹件高频电流PRPD图谱

图 1-6-1 铁心、夹件高频局部放电检测图谱

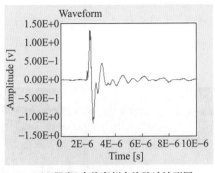
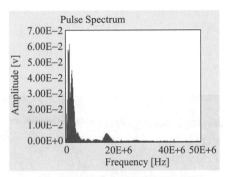

(a) 器身1夹件高频电流脉冲波形图　　　　(b) 器身1夹件高频电流脉冲频率

图 1-6-2　器身 1 夹件高频局部放电波形检测图谱

采用重症监护系统的高频局部放电检测模块检测的可监测到器身 1 夹件高频局部放电信号 PRPD 图谱同时呈现悬浮放电、绝缘缺陷两种特征，且悬浮放电信号幅值明显高于绝缘缺陷信号，从图 1-6-3 所示的同时累积 PRPD 图谱可以看出，悬浮放电频次要明显大于绝缘信号。

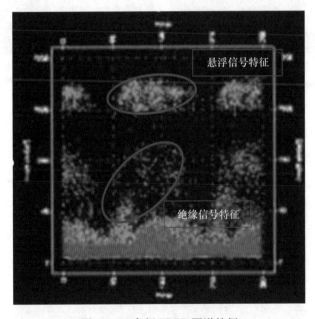

图 1-6-3　高频 PRPD 图谱特征

② 特高频局部放电检测

利用 EC4000 局部放电仪器对高抗器进行特高频局部放电检测，现场检测时特高频局部放电传感器置于高抗器油箱上部盖板与油箱本体连接的缝隙处，检测图谱如图 1-6-4 所示，特高频 PRPD 图谱如图 1-6-5 所示。

由图 1-6-4 可以看到，EC4000 局部放电仪各通道均可同时检测到异常局部放电信号，当高抗器上的特高频传感器检测异常局部放电信号时，背景传感器并无类似信号出现；在检测过程中改变特高频传感器的朝向时，发现传感器远离或背向高抗器油箱上盖板与油箱本体连接缝隙时，检测到的异常特高频信号明显减弱，由此可说明异常局部放

23

电信号来自高抗器内部。图 1-6-5 特高频信号 PRPD 累积图谱同时呈现悬浮放电、绝缘缺陷两种特征，与高频放电信号图谱 11 特征相关联，推测造成乙炔快速增长的主要原因倾向于悬浮电位导致的局部放电，可能原因为高抗器内部存在接触不良或不同电位部件间存在触碰。

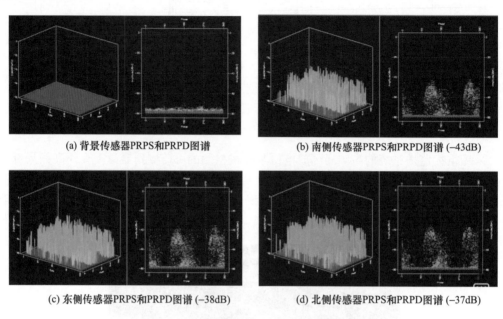

(a) 背景传感器PRPS和PRPD图谱

(b) 南侧传感器PRPS和PRPD图谱 (–43dB)

(c) 东侧传感器PRPS和PRPD图谱 (–38dB)

(d) 北侧传感器PRPS和PRPD图谱 (–37dB)

图 1-6-4   现场特高频局部放电检测图谱

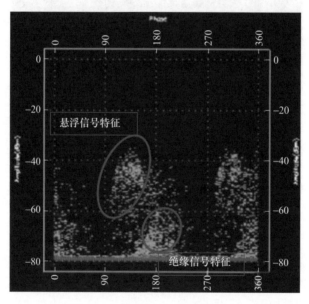

图 1-6-5   特高频 PRPD 图谱特征

③ 特高频局部放电定位

为了进一步确定放电源位置，现场利用高速示波器进行特高频定位检测。在高抗器身上同时布置多路特高频传感器，通过各路特高频传感器两两之间的相对时差来确定信号源的具体位置。传感器的布置位置、坐标系建立如图 1-6-6～图 1-6-8 所示，各传感器的 x、y 坐标随位置的不同而不同，但由于现场仅能从高抗器身上方位于同一水平线的缝隙处检测到特高频信号，所以各个位置的传感器高度坐标 z 均一样。

a. 基于平分面法的特高频局部放电定位

采用平分面法对高抗器内部的放电源进行定位，固定一个传感器（图 1-6-6 传感器③）的位置，依次移动其他传感器的位置，使得放电源的特高频信号到其中两个传感器的时差为零。平分面法定位时传感器的位置布置图如图 1-6-6 所示。

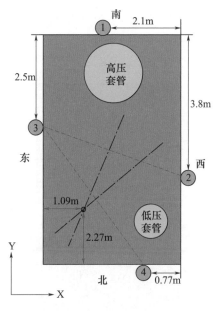

图 1-6-6　特高频传感器布置图

根据传感器③和②、④的特高频信号时差基本为零，利用②、③、④的坐标信息构建传感器③与②和传感器③与④两点的平分面，可以确定放电信号源位置的 x 轴、y 轴坐标大致（1.09，2.29），由于高度方向不具备检测条件，因此无法采用平分面法获取高度上的精确位置信息，信号源的位置（x，y 坐标）示意图如图 1-6-7 所示。

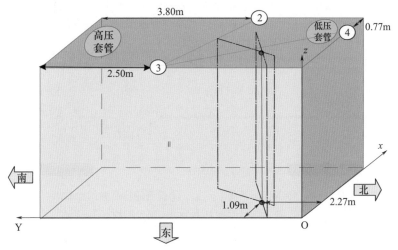

图 1-6-7　信号源大致位置示意图（红色竖线）

25

b. 基于空间网格法的特高频局部放电定位

在高抗器身上布置多路特高频传感器，通过各路特高频传感器两两之间的相对时差来确定信号源的具体位置，采用空间网格法来进行位置求解计算。特高频①、②、③、④、⑤、⑥、⑦传感器的布置位置和坐标系建立如图 1-6-8 所示。采集上述 7 个传感器的特高频信号波形如图 1-6-9～图 1-6-12 所示，以传感器的相对时差作为计算数据。

根据两组不同传感器间接收信号的时差和各传感器的位置坐标（高抗器尺寸：X：3.40m，Y：6.80m，Z：4.00m），假设放电信号在高抗器内部为无障碍传播，利用空间网格搜索法可分别计算不同传感器布置方式下信号源的位置坐标，计算结果见表 1-6-1。

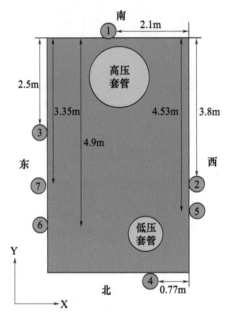

图 1-6-8　时差定位特高频传感器布置示意图

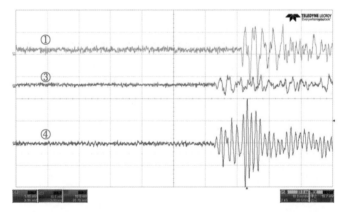

图 1-6-9　特高频传感器①、③、④检测的特高频信号波形
（其中③、④信号时差基本为 0，领先①约 8.1ns）

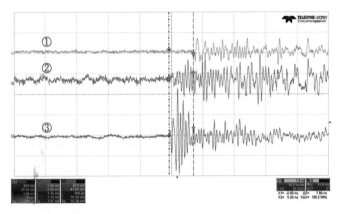

图 1-6-10　特高频传感器①、②、③检测的特高频信号波形
（其中②、③信号时差基本为 0，领先①约 7.8ns）

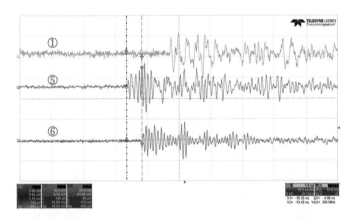

图 1-6-11　特高频传感器①、⑤、⑥检测的特高频信号波形
（⑥领先⑤约 4.9ns，⑤领先①约 8.8ns）

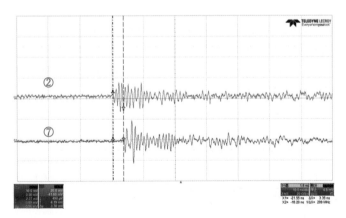

图 1-6-12　特高频传感器②、⑦检测的特高频信号波形
（⑦领先②约 3.35ns）

表 1-6-1　信号源的大致坐标　　　　　　　　　　　　　　单位：m

坐标	第1组计算数据	第2组计算数据	第3组计算数据
X	0.88	1.28	1.07
Y	2.22	2.17	2.02
Z	3.08	3.68	2.63

综合三组传感器的定位结果，特高频信号源位于距高抗器底座高度（3.13±0.30）m、距高抗器东侧壁（1.08±0.20）m、距高抗器北侧（2.14±0.20）m 的位置。

④ 超声波检测

采用 Pocket AE 对该线高抗器 B 相进行检测，检测图谱如图 1-6-13 所示。从图 1-6-13 的特征指数检测图谱可以看出，在高抗器东侧中部油箱壁检测到的超声特征指数集中在整数 1 处，放电脉冲间隔时间基本集中在 10ms，具有 100Hz 相关性。

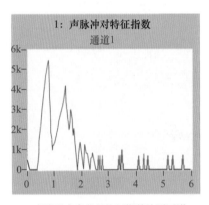
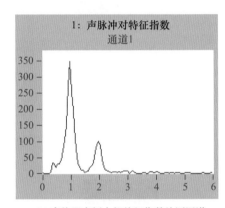

(a) 高抗器底座背景特征指数检测图谱　　　　(b) 高抗器东侧中部特征指数检测图谱

图 1-6-13　Pocket AE 超声波检测图谱

⑤ 超声波定位检测

使用 PAC2000 进行超声波定位检测，超声传感器的布置：东、西侧面按照图 1-6-4 的 L 方向，南北侧面按照图 1-6-4 的 W 方向。整台高抗器共 16 个超声传感器，将高抗器视作立方体，以东北角地面为三维原点，输入传感器的对应坐标，建立超声波测量模型。超声传感器现场布置如图 1-6-5 所示。

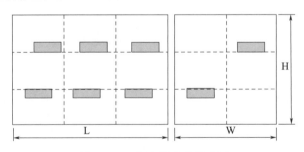

图 1-6-14　超声波定位示意图

(a) 西侧面 (长)　　　　　　(b) 侧面 (宽)

图 1-6-15　超声传感器现场布置图

设置合理的超声检测阈值，通过对 16 个传感器的空间信号强度进行检测和软件分析，东侧的测点 11 和 13 信号较强，测量结果如图 1-6-16 所示，图中红色标记为疑似放电点，三维立体图显示位置为器身 1 的中间高度位置，通过移动三维图的角度成俯视位，发现疑似放电点大致位于 Y 柱。

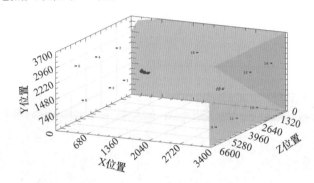

(a) 三维图

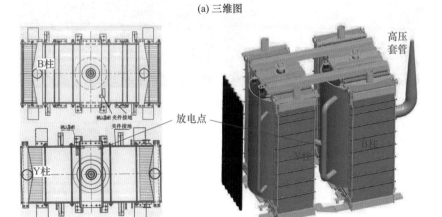

(b) 定位放电点

图 1-6-16　超声定位

（测点 1～测点 6：高抗器西侧面；测点 7～测点 8：高抗器南侧面；
测点 9～测点 14：高抗器东侧面；测点 15～测点 16：高抗器北侧面）

3. 综合分析

（1）油色谱三比值法分析判断设备内部缺陷故障类型为电弧放电或电弧放电兼过热，离线及在线油色谱数据中 C_2H_2 含量均存在显著性增长，其他烃类气体小幅度增长，H_2、CH_4、CO、CO_2 等数据均未出现显著增长现象。绝对产气率和相对产气率均超过规程注意值。从 2020 年 2 月 26 日三次上中下部位油色谱乙炔 C_2H_2 含量数据可以看出，上部 C_2H_2 值＞下部 C_2H_2 值＞中部 C_2H_2 值，结合高抗器内部油循环特征，初步判断高抗器内部异常产气部位可能位于高抗器上部。

（2）高频、特高频局部放电检测均可检测明显的异常放电信号。根据高频局部放电信号幅值器身 1 夹件处＞器身 1 铁心＞器身 2 铁心、夹件，初步判断该高频局部放电信号源位于器身 1 夹件上或与夹件相连的部件上。特高频和高频信号图谱存在悬浮和绝缘特征信号相互叠加现象，悬浮信号幅值明显高于绝缘信号，从同时累积的 PRPD 图谱来看，悬浮放电频次要明显大于绝缘信号，推测造成本次乙炔快速增长的主要原因可能为悬浮电位导致的局部放电。根据特高频平分面法和空间网格搜索法的定位检测显示，放电信号源大致位于距高抗器底座高度（3.13±0.30）m、距高抗器东侧壁（1.08±0.20）m、距高抗器北侧（2.14±0.20）m 的位置。

（3）该站自投入运行以来，2016 年、2017 年、2019 年同厂家同型号同工艺生产的高抗器均发生过局部放电和色谱异常缺陷，相关情况如图 1-6-17～图 1-6-19 所示。

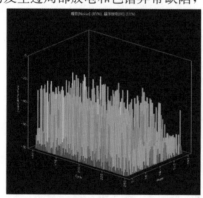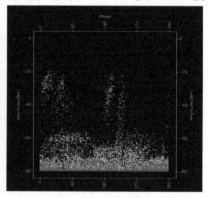

(a) 2016年高抗器A相特高频检测图谱

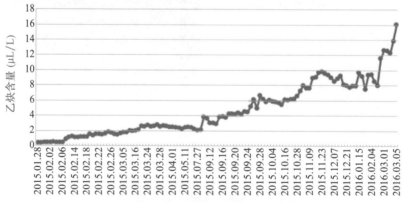

(C) 2016年高抗器A相油色谱乙炔变化趋势曲线图
（三比值法判断故障类型为电弧放电）

图 1-6-17　2016 年高抗器 A 相

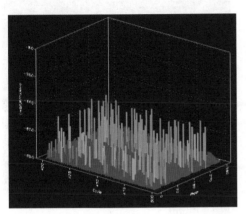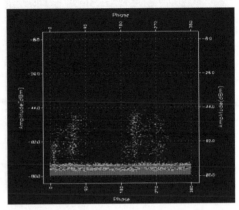

(a) 2017年高抗器A相特高频检测图谱

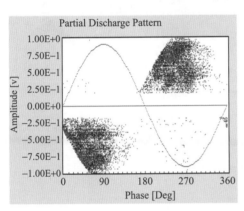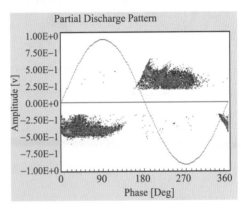

(b) 2017年高抗器A相高频检测图谱

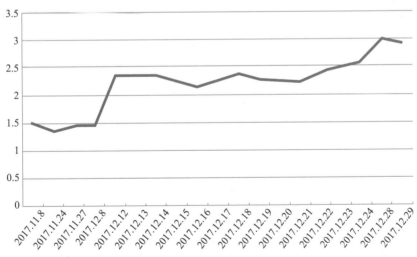

(C) 2017年高抗器A相油色谱乙炔变化趋势曲线图
(三比值法判断故障类型为电弧放电)

图 1-6-18　2017 年高抗器 A 相

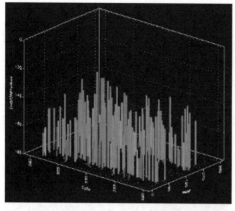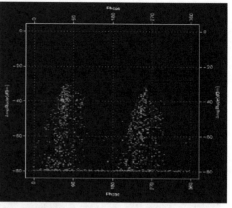

(a) 2019年高抗器A相特高频检测图谱

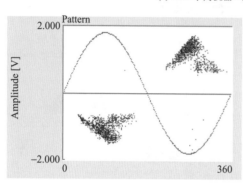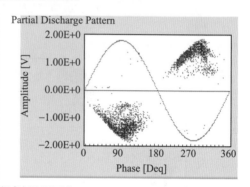

(b) 2019年高抗器A相高频检测图谱

(c) 2019年高抗器A相油色谱乙炔变化趋势曲线图
(三比值法判断故障类型为低能放电)

图 1-6-19　2019 年高抗器 A 相

4. 验证情况

在 2016 年、2017 年、2019 年同厂家同型号同工艺生产的高抗器的返厂解体检查中，均发现高抗器 A 柱和 X 柱地屏铜带存在整体褶皱现象（图 1-6-20～图 1-6-22）。地屏纵向中部皱部位的部分铜带及其外包绝缘纸颜色较深且变脆，存在过热和黑色疑似放电痕迹。对铜带上附着的黑色物质进行成分分析发现存在碳成分，其中 2016 年以及 2019 年解体的高抗器的 X 柱地屏中均存在铜带断裂放电烧蚀的现象，2017 年以及 2019 年解体的高抗器存在上夹件穿心螺栓均压帽存在放电烧蚀的痕迹。

(a) X柱地屏铜带断裂

(b) X柱地屏铜带断裂

图 1-6-20 2016 年高抗器 A 相解体检查照片

(a) 地屏铜带上的黑色痕迹

(b) 上夹件穿心螺栓与磁分路接地
螺栓均压帽放电

图 1-6-21 2017 年高抗器 A 相解体检查照片

(a) X柱地屏铜带断裂

(b) 穿心拉螺杆均压帽与栋梁均压帽
放电

图 1-6-22 2019 年高抗器 A 相解体检查照片

综合前三次该站高抗器的检测和解体检查过程，可以发现本次高抗器 B 相的局部放电图谱特征与油色谱变化情况有一定相似性，其中本次局部放电检测的图谱特征与 2017 年高抗器 A 相检测的局部放电图谱特征相似度较高，因此认为本次高抗器 B 相异常原因较大可能为：

（1）Y 柱上部夹件或与其相连接部件，如均压帽、紧固件等发生触碰、松动引起悬浮放电；

（2）地屏铜带发生局部断裂或褶皱产生悬浮、绝缘类放电。

5. 案例总结

该案例表明对于大型变压器（电抗器）类设备进行局部放电检测时，可采用高频、超声波、特高频等多种检测技术进行相互验证，以对信号进行综合分析。

基于超声波、高频局部放电检测的声电联合定位法和基于特高频局部放电检测的时差定位法可以对放电源进行大致定位，同时基于高频局部放电信号强度的幅值定位法可对放电源位置进行辅助分析。

案例 1-7　1000kV 特高压电抗器局部放电带电检测

1. 情况说明

某 1000kV 变电站某线 C 相高压并联电抗器，型号为 BKDF-240000/1000，2016 年 5 月出厂，2017 年 8 月投入运行，一直比较稳定，2019 年 12 月 3 日高抗器 C 相发现存在微量乙炔，乙炔含量为 $0.68\mu L/L$，且特征气体含量相对稳定，无持续增长趋势。针对这一情况对该高抗器进行局部放电带电检测和放电源定位，并根据检测结果安装高压设备综合监护系统，对高抗进行实时监测和缺陷跟踪。采用放电性故障诊断系统和高压设备综合监护系统配合方式，实现了该高抗器内部局部放电性质和几何位置的确认，对高抗器运行状态和缺陷发展情况进行了准确评估，并结合高抗器现场内检成功找到内部缺陷位置，处理完毕后该高抗器恢复正常运行。

2. 检测过程

（1）检测仪器及装置

TWPD-E8-T 多通道放电性故障诊断系统、TSMT-51 高压设备综合监护系统。

（2）检测数据

① 局部放电带电检测

2019 年 12 月 5 日，对该台高抗器进行局部放电带电检测，分别采用了高频和超声局部放电检测两种模式，高频局部放电检测过程中发现在高抗器铁心和夹件上能检测到间歇性放电信号，放电信号持续时间很短且两次放电间隔时间较长。放电形态呈现明显单根脉冲形态，一象限和三象限幅值基本一致，一三象限内偶尔会出现对称两根脉冲，一象限两个脉冲间距与三象限两个脉冲间距基本相等，具有明显的金属悬浮放电特征。并同步与该高抗器相邻 A 相和 B 相进行对比，其他两相未检测到与其一致的高频脉冲信号，高频脉冲图谱如图 1-7-1 和图 1-7-2 所示。检测过程中由于放电信号持续时间很短且高抗器体积较大，超声未找到与该高频信号波形特征一致的信号。

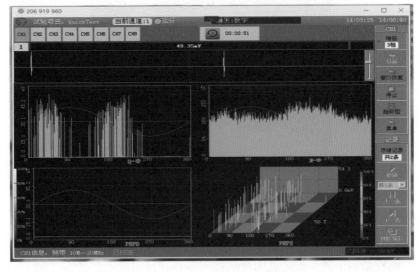

图 1-7-1　夹件接地线高频图谱

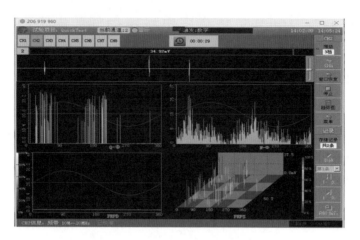

图 1-7-2　夹件接地线高频图谱

② 高压设备综合监护系统监测数据

根据局部放电带电检测结果分析，高抗器内部存在间歇性放电信号，幅值相对稳定，持续时间具有随机性。2019 年 12 月 7 日，对该高抗器安装了 TSMT-51 高压设备综合监护系统，同步监测高抗高频局部放电、超声局部放电、振动、接地电流、温度等多源参量（图 1-7-3）。

图 1-7-3　综合监护系统现场图

12 月 12 日 13 时 48 分综合监护系统报警，首次捕捉到该高抗器内部存在的间歇性放电信号，其中高频和超声信号同步报警，其他监测参量未见异常，高频信号图谱特征与带电检测图谱基本一致，充分说明高抗器内部存在单一放电性缺陷（图 1-7-4）。

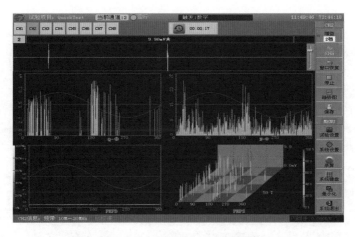

图 1-7-4 夹件接地线高频图谱

通过对高抗器高频信号和超声信号分析，在高频放电脉冲出现的同时，布置在铁心接地线位置的超声传感器 4 和高抗器槽盒位置的超声传感器 5 能同步接收到相位关系一致的超声信号。高频信号和超声信号实时图谱显示在同一界面内，可以观测到两种信号的时间同步性和相位相关性，有利于我们对脉冲信号性质的判断，监测趋势图和实时图谱如图 1-7-5 和图 1-7-6 所示，实时图谱中一、二通道为高频信号，三至八通道为超声信号。

监测实时图谱中，可以看出高频信号和超声信号具有明显的相关性，且超声信号在相位关系上存在一定的滞后性，说明这两种信号具有同源性，可确认高频信号和超声信号为高抗器内部放电源发出，可通过高频信号与超声信号的时间差即可确定放电源的几何位置。通过对高频信号和超声信号进行脉冲展开，可计算出放电源距离超声传感器的距离，脉冲展开图谱如图 1-7-7 所示，黄色脉冲为高频信号，红色和绿色脉冲为超声波信号。

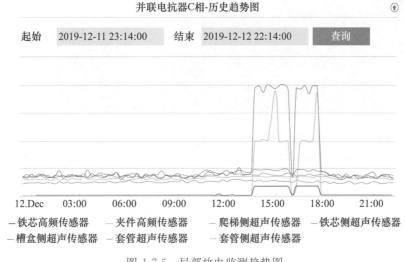

图 1-7-5 局部放电监测趋势图

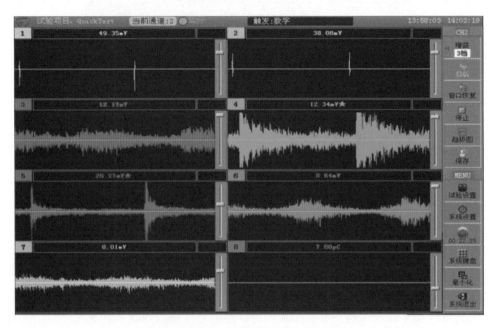

图 1-7-6　高频和超声信号实时图谱

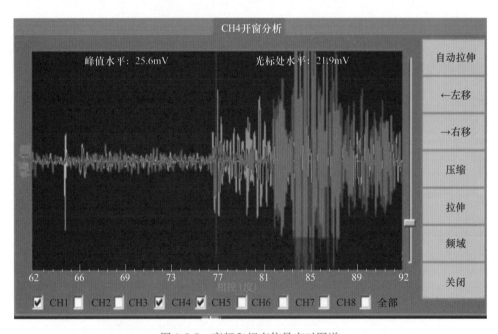

图 1-7-7　高频和超声信号实时图谱

　　通过对高频信号和超声信号的时差分析，高抗器内部放电源距离 4 号传感器 1000mm，距离 5 号传感器 1300mm，根据传感器在高抗器本体相对安装位置结合传感器的布置高度进行计算，放电源位于高抗器上铁轭部位。传感器布置位置和定位位置如图 1-7-8 所示。

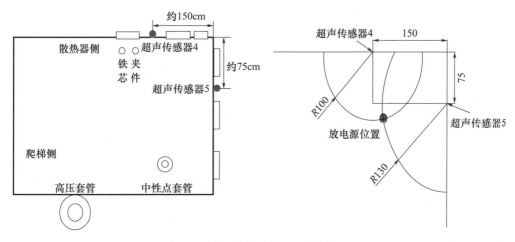

图 1-7-8 超声传感器布置和定位结果图

利用高压设备综合监护系统对该高抗器进行持续跟踪监测，在 12 月份共监测到高抗器内部放电发生频率为 11 次，最长持续时间约为 2h，放电幅值略有波动但无明显增长趋势，趋势图如图 1-7-9 所示。

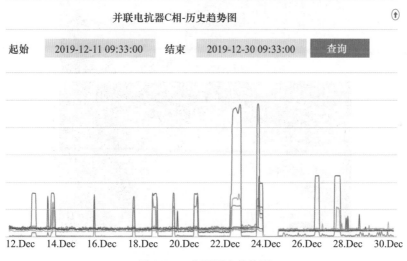

图 1-7-9 监测历史趋势图

3. 综合分析

12 月 5 日，对高抗器 C 相进行局部放电带电检测，发现高抗器内部存在间歇性高频局部放电信号，对比相邻 A 相、B 相高抗器未检测到此高频脉冲信号，说明该信号为高抗器内部产生，确认高抗器内部存在局部放电现象。12 月 7 日安装高压设备综合监护系统，对高抗器进行实时监测和缺陷跟踪，12 月 12 日捕捉到该放电信号，在捕获放电信号的同时利用电声联合定位模式完成了局部放电源定位，根据局部放电数据与振动、接地电流等其他变量的相关性分析进行了缺陷性质判定。结合厂家结构图纸与放电源几何位置进行了危害性评估。

根据以上信息综合分析，可以得到以下几个结论：

（1）C相高抗器内部存在间歇性单一放电性缺陷，放电类型为接触不良性质的悬浮放电；

（2）高抗器内部放电源位置位于高抗上铁轭位置，深度位置距离超声传感器4号和5号分别为1米和1.3米；

（3）高抗内部放电性缺陷不涉及主绝缘，与油色谱数据分析可以形成对应关系，在高压设备综合监护系统的实时监测下可持续带电运行，择期进行检修。

4. 验证情况

该高抗器在高压设备综合监护系统监测下持续运行至2020年6月对其进行检修，在C相高抗器下台前进箱进行运输顶紧装置紧固时，发现X柱上磁分路非出线侧靠近旁轭夹件与主铁心上夹件间的接地线，在主铁心夹件端未进行有效接地，接线头与上铁轭拉螺杆垫圈接触，拉螺杆垫圈及对应夹件和绝缘垫圈周围有明显放电痕迹，该故障位置与综合监护系统定位位置基本一致，检修内部图见图1-7-10。

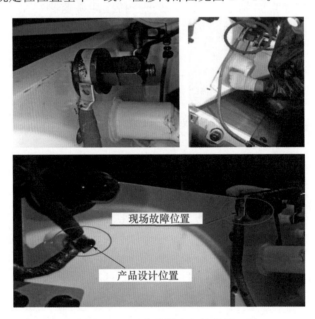

图1-7-10　高抗器内部缺陷图

5. 案例总结

（1）对变压器或高抗器进行局部放电带电检测中，尽量采用高频和超声一体化局部放电诊断设备，要具备同步实时图谱显示功能，可根据高频信号与超声信号时间和相位相关性进行分析，降低外部干扰信号造成的误判；

（2）对于内部存在间歇性放电缺陷的变压器或高抗器，可利用高压设备综合监护系统进行实时监测和缺陷跟踪，根据放电幅值和放电源位置变化情况进行危害程度评估；

（3）对于大型电力变压器和高抗器内部出现微量特征气体时，可利用局部放电、振动、油色谱等多源参量在同一时间维度下的关联关系，对内部缺陷性质进行判定，为设备管理尤其是存在运行缺陷的设备管理提供了新的解决思路和选择。

第二章 互感器带电检测案例分析

案例 2-1 电容型设备带电检测诊断技术

1. 情况说明

2014 年 4 月，某变电站开展在 220kV 电容型设备带电测试过程中，采用同相比较法测试发现 110kV 某线路 B 相 CT 介损测量结果，根据检修试验规程要求，对于在同一参考设备下的电流互感器，同相设备相对介质损耗因数变化量不应超过 0.003，同相、同厂、同型号设备相对介质损耗因数应在 ±0.003 范围内，测试结果为不合格（表 2-1-1）。

表 2-1-1 测试结果

相别	$\tan\delta$（%）（$I_X - I_N$）	C_X / C_N
A	−0.13	0.758
B	2.72	0.769
C	0.0041	0.768

2. 检测过程

通过核查设备名牌信息、核查设备运行方式、检查设备末屏入地电流，排除了设备厂家不同、不同母线运行及带电测试端子箱接入错误导致的带电测试数据异常。随后更换参考设备进行测试，再结合红外、紫外、局部放电带电检测手段进行多维度分析，最后结合常规介损、高压介损及油色谱分析，验证带电测试数据分析的准确性（图 2-1-1）。

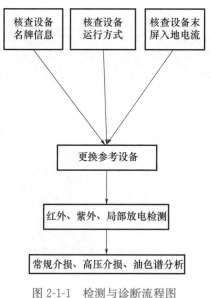

图 2-1-1 检测与诊断流程图

在更换参考设备后，测试结果仍然超标，怀疑 110kV 某线路 B 相 CT 介损测量结果超标，见表 2-1-2。

表 2-1-2　以另一线路 CT 做参考得出的试验数据

相别	$\tan\delta$（％）(I_X-I_N)	C_X/C_N
B	2.775	0.7864

3. 综合分析

采用红外线热成像仪器发现 110kV 某线路 B 相整体高于 A、C 相。为了尽快降低电网的风险，对其进行了停电试验，试验数据见表 2-1-3。

表 2-1-3　停电试验数据

相别	$\tan\delta$（％）	C_X（pF）
A	0.186	668.9
B	0.904	615.9
C	0.18	619.6

由停电试验数据可以发现甲线 B 相介损已经接近 1％的标准。该相电流互感器 2011 年的电气试验数据：介损 0.185％，电容量 614.4pF；根据相间横向比较，并与往年停电试验结果的纵向比较，该线路 B 相 CT 介损出现明显增长，试验数据不合格见表 2-1-4。

表 2-1-4　化学试验结果

相别	H_2	CH_4	C_2H_6	C_2H_4	C_2H_2	CO	CO_2	总烃
B	29160	2937	140	1.6	0.2	81	467	3079

化学测量结果：总烃超过 100 的标准，H_2 超过 150 的标准，乙炔超标准，经三比值法判断可能存在低能量放电。

解体检查发现电容屏褶皱并出现 X 蜡，见图 2-1-2。

图 2-1-2　解体检查

4. 案例总结

通过案例分析，学生应能熟练掌握排除导致电容型设备带电测试数据异常的常见干扰因素。测试出的结果能够准确反应设备运行的真实情况，并能初步运用红外线、紫外线、局部放电对运行设备进行多维度分析，确诊设备缺陷。

案例 2-2　220kV 电压互感器红外成像检测

1. 情况说明

某变电站 220kV 电压互感器于 3 月 16 日运行中突然出现故障，防爆装置未动作导致互感器瓷套爆炸。解体检查后认定电压互感器受潮绝缘劣化被击穿，二次导致线圈第 18 匝处被短路电流熔断，2/3 部分绕组被短路，一次侧对地绝缘击穿放电，见图 2-2-1 和图 2-2-2。

图 2-2-1　故障电压互感器　　　　　　　图 2-2-2　电压互感器的线圈

2. 检测过程

（1）调整仪器焦距

可以在红外线图像存储后对图像曲线进行调整，但是无法在图像存储后改变焦距，也无法排除其他杂乱的热反射。仔细调整焦距，保证操作正确可避免现场失误。

（2）选择合适的测温范围

为了获得正确的温度读数，请务必设置正确的测温范围。当观察目标时，对仪器的温度跨度进行微调将获得更好的图像质量。这也将同时影响到温度曲线的质量和测温精度。

（3）了解大测量距离

测量目标温度时，请务必了解能够获得准确测温读数的大测量距离。为了获得准确的测量读数，请将目标物体尽量充满仪器的视场。显示足够的景物，才能够分辨出目标。与目标的距离不要小于热像仪光学系统的小焦距，否则不能聚焦成清晰的图像。

（4）分析生成的清晰红外线热像图，并要求测温

清晰的红外线图像同样十分重要。如果在工作过程中，还需要进行温度测量，并要求对目标温度进行比较和趋势分析，便需要记录所有影响准确测温的目标和环境温度情

况，例如发射率、环境温度、风速及风向、湿度、热反射源等。

（5）保证测量过程中仪器的平稳

为了达到良好的效果，在冻结和记录图像的时候，应尽可能保证仪器平稳。当按下存储按钮时，应尽量保证轻缓和平滑。仪器晃动即使轻微也可能会导致图像不清晰。推荐在胳膊下用支撑物来稳固，或将仪器放置在物体表面，也可使用三脚架，尽量保持稳定。

3. 综合分析

电压互感器发生故障后应调取故障当年及前一年的热像图进行分析。

图 2-2-3 所示的热像图于电压互感器发生故障的前一年 4 月 6 日 12：51 拍摄的，当时环境温度 7℃。热像图分析可知：电压互感器上部最大同位置温差 0.4K，下部最大同位置温差 1.5K，修正系数 1.17（7℃），温差为 0.47K、1.76K，应为重要缺陷。

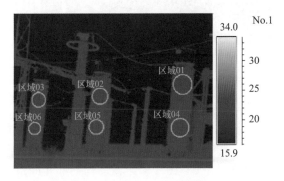

图 2-2-3　电压互感器热像图

区域 01 最高温度 16.9℃　区域 02 最高温度 16.5℃　区域 03 最高温度 16.7℃
区域 04 最高温度 17.8℃　区域 05 最高温度 16.3℃　区域 06 最高温度 16.7℃

图 2-2-4 所示的热像图于电压互感器发生故障的前一年 8 月 3 日 13：25 拍摄而成的，当时环境温度 23℃，气象条件多云，有一定的日光辐射。热像图分析结果：电压互感器上部、下部温度基本平衡。

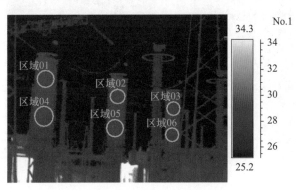

图 2-2-4　电压互感器热像图

区域 01 最高温度 29.7℃　区域 02 最高温度 29.6℃　区域 03 最高温度 29.7℃
区域 04 最高温度 29.2℃　区域 05 最高温度 29.2℃　区域 06 最高温度 29.4℃

图 2-2-5 所示的热像图于电压互感器发生故障的前一年 12 月 13 日 15：06 拍摄而成的，当时环境温度－9℃。热图像分析结果：电压互感器上部最大同位置温差 2.0K，下部最大同位置温差 2.2K。C 相电压互感器最热点为上、下部绕组对应的瓷套位置，串级式绕组的最热点为绕有二次绕组的第四级部位。按温度修正系数 1.74（－9℃）计算，其上部最大温差 3.48K，下部最大温差 3.83K，应诊断为危急缺陷。

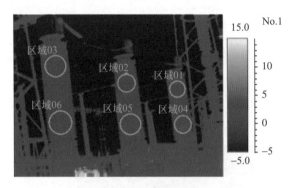

图 2-2-5　电压互感器热像图

区域 01 最高温度 5.5℃　区域 02 最高温度 3.5℃　区域 03 最高温度 3.9℃

区域 04 最高温度 5.9℃　区域 05 最高温度 3.7℃　区域 06 最高温度 3.7℃

图 2-2-6 所示的热像图于电压互感器发生故障的当年 3 月 10 日 15：35 拍摄的，当时环境温度－10℃。分析结果：电压互感器电压互感器上部最大温差 2.1K，下部最大温差 2.5K。按温度修正系数 1.8（－10℃）计算，其上部相间最大同位置温差 3.78K，下部最大同位置温差 3.96K。C 相电压互感器最热点仍为上、下部绕组对应的瓷套位置，应诊断为危急缺陷。

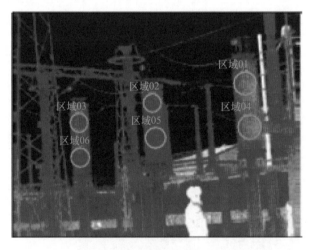

图 2-2-6　电压互感器热像图

区域 01 最高温度 5.5℃　区域 02 最高温度 3.5℃　区域 03 最高温度 3.9℃

区域 04 最高温度 5.9℃　区域 05 最高温度 3.7℃　区域 06 最高温度 3.7℃

4. 综合分析

可查到的电压互感器发生故障前 4 次红外线检测数据分析：

（1）图 2-2-3 是电压互感器发生故障前一年 4 月 6 日拍摄的热像图，即在电压互感器故障的前 11 个月；红外线检测已经发现和认定互感器存在严重缺陷。

（2）图 2-2-4 是夏季白天进行的红外线检测热像图，虽然没有强日光辐射，但受环境热辐射影响电压互感器本体表面无可引起注意的温差，环境热辐射掩盖了设备缺陷。

（3）4 次红外线检测均没有对热像图使用分析软件进行分析，确定互感器相间同位置是否存在温差。图 2-2-6 是发生故障前最后一次红外线检测的热像原图，不使用分析软件分析、现场检测以及在计算机上查看图像，分析人员不会通过目视直接感觉到相间温差的存在。如果电压互感器发生故障前的最后一次红外线检测后能够及时使用分析软件分析及时发现缺陷，给消除缺陷留有 5 天时间，电压互感器故障可能可以避免。

（4）4 次红外线检测均在白天有日光辐射条件下进行，如果能够避开日光辐射进行红外线检测，现场检测应该在热像仪屏幕上目视可以直接感觉到电压互感器相间存在较大温差。二次 a2n2 线圈第 18 匝处被短路电流熔断，2/3 部分绕组被短路，一次侧对地绝缘击穿导致放电。电压互感器发生故障后调取故障发生当年及前一年热像图分析。

（5）低温状态下进行红外线精确检测，受环境温度影响，设备绝缘介质的活泼性变弱，散热条件不利于设备自身热量的积存，有必要进行温差的换算。

5. 验证情况

调取故障电压互感器油色谱跟踪数据（表 2-2-1）分析可知，互感器受潮后在色谱上没有出现变化。

表 2-2-1　电压互感器油色谱检测数据　　　　　　　单位：$\mu L/L$

相别	检测时间	H_2	CH_4	C_2H_6	C_2H_4	C_2H_2	总烃	CO	CO_2
A	发生故障前 2 年 9-26	112.74	27.9	10.13	0.52	0	38.55	51.2	398.54
	发生故障上一年 10-22	142.48	34.16	10.9	0.97	0	46.03	58.01	392.25
	发生故障当年 3-16	140.32	33.15	10.2	0.96	0	34.11	57.66	384.21
B	发生故障前 2 年 9-26	117.26	11.51	8.82	0.45	0	20.78	46.56	448.24
	发生故障上一年 10-22	151.35	14.41	10.19	0.55	0	25.15	52.19	413.78
	发生故障当年 3-16	148.6	13.96	9.91	0.53	0	24.4	53.21	411.55
C	发生故障前 2 年 9-26	154.97	34.65	11.02	0.55	0	46.22	49.62	413.4
	发生故障上一年 10-22	196.69	39.2	10.48	0.54	0	50.22	51.95	386.93
	发生故障当年 3-16	153.26	37.36	10.85	0.71	0	50.3	56.53	398.95

6. 案例拓展

220kV 电容式电压互感器在运行中发现二次结线箱渗油，红外线检测中间变压器油箱、二次结线箱局部发热，中间变压器二次 1n 端子松动接触不良导致异常发热。

热像图特征及分析：

中间变压器油箱二次结线箱左侧箱体上部温度最高，热点温度−0.8℃，与下节电容本体温差 8.4K；二次结线箱门最高热点温度 13.1℃，与下节电容器本体温差 22.3K；打开箱门检测 1n 端子处温度 59.4℃，与其他正常端子温差 65.0K，1n 端子周边油污严重。认定：安装过程中，1n 端子接线时拧旋转端子螺杆，导致密封破坏渗油，1n 端子箱体内侧接线松动接触不良，运行中发热，为危急缺陷（图 2-2-7、图 2-2-8）。

图 2-2-7

AR01：最大值 13.1℃　AR02：最大值－4.3℃　AR03：最大值－0.8℃

AR04：最大值－9.2℃　AR01：最大值 59.4℃　AR02：最大值 54.8℃　AR03：最大值－5.6℃

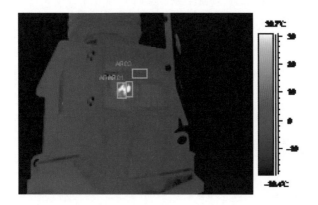

图 2-2-8

AR01：最大值 59.4℃　AR02：最大值 54.8℃　AR03：最大值－5.6℃

7. 案例总结

本案例以 220kV 电压互感器发生故障通过红外线热像仪进行分析的案例为背景，讲授了红外线热像仪的使用方法，并对检测结果进行了分析与诊断，掌握红外线测温仪的使用要求和注意事项、现场红外线检测的工作方法、红外线测温法诊断电压互感器短路的方法。

案例 2-3　车载局部放电检测定位仪发现敞开式变电站母线 PT 内部绝缘缺陷

1. 情况说明

2012 年 3 月 22 日在某 220kV 变电站利用 PDtect4 车载式特高频局部放电检测定位仪进行局部放电检测时发现一处局部放电信号。

2. 检测过程

（1）局部放电定位

为进一步确认该信号位置，2012 年 3 月 22 日、3 月 23 日以及 3 月 28 日三次对该信号进行定位，所得定位结果保持一致，局部放电源位于 110kV Ⅰ 段母线 B 相电压互感器。定位的方位图见图 2-3-1 和图 2-3-2。

图 2-3-1　局部放电检测定位方位

图 2-3-2　局部放电检测定位方位

（2）对 PT 外观进一步检查

3月28日采用望远镜仔细查看该母线 PT，在顶部第一盘瓷群与顶部法兰连接处，见图 2-3-3 和图 2-3-4，可清楚发现存在疑似漏油痕迹。

图 2-3-3　放电位置母线 PT 漏油痕迹

图 2-3-4　放电位置母线 PT 漏油痕迹

如图 2-3-5 所示，利用毛巾进行擦拭后，由图 2-3-6 可以检测到明显油渍。

图 2-3-5　毛巾擦拭油渍

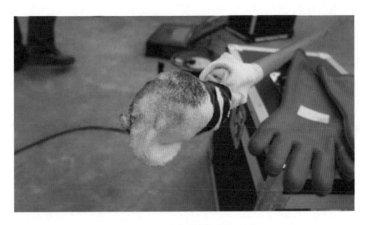

图 2-3-6 毛巾擦拭后的油渍

3. 综合分析

PT 解体检查验证如下。

2013 年 1 月 8 日，对 PT 内部进行解体，共发现两处缺陷。

缺陷 1：现场解体照片如图 2-3-7 所示，PT 顶部压力调节装置多处被腐蚀；缺陷 2：由图 2-3-8 可以看出，铁心存在锈迹。

图 2-3-7 PT 顶部压力调节装置被腐蚀情况

图 2-3-8 铁心存在锈迹状况

4. 案例总结

在该案例中，通过 PDtect4 车载式特高频局部放电检测定位仪对变电站进行常规检测工作，随即发现疑似局部放电信号，当局部放电源位于高压设备内部时，常规的检测手段无法有效地检测到内部局部放电信号。通过 PDtect4 车载式特高频局部放电检测定位仪能有效地检测到高压设备内部放电信号，且能够快速定位到缺陷位置。本案例中，PT 内部锈蚀导致绝缘性能下降，出现局部放电。

案例 2-4 35kV 开关柜内电压互感器局部放电检测

1. 情况说明

2019 年 6 月 15 日，在对 220kV 某变电站 35kV 开关柜进行超声波（AE）、暂态地电压（TEV）、特高频（UHF）局部放电联合带电检测时，在 35kVⅠ段母线电压互感器 319 开关柜检测到一个比较稳定的特高频局部放电信号。

2019 年 6 月 16 日对其进行复测，测量结果没有变化，判断其放电类型为悬浮放电，采用高速示波器对放电部位进行精确定位，确定其放电点位于 319 隔离开关 B 相下触头电压互感器。

2019 年 6 月 19 日根据定位结果，停电检查发现放电部位为 319 电压互感器 B 相 N 端附近，放电原因为 N 端接地线接触不良。

2. 检测过程

（1）用暂态地电压巡查仪进行局部放电检测

采用暂态地电压巡检仪对 35kV 高压室开关柜前后面板进行检测时，测试结果如图 2-4-1 所示。319 电压互感器开关柜信号最强，幅值为 53dB（金属背景 TEV 幅值 21dB），幅值异常。

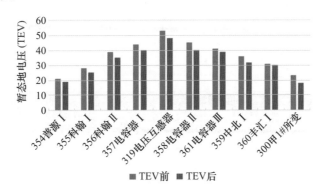

图 2-4-1 暂态地电压普测结果

（2）超声波巡检仪进行局部放电检测

使用超声波巡检仪对 35kV 高压室内所有开关柜进行超声波信号进行普测，在测试过程中未发现有放电现象，如图 2-4-2 所示。

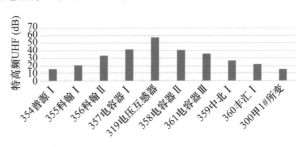

图 2-4-2 超声波信号普测

（3）特高频局部放电检测精确定位

① 定位放电缺陷所在开关柜

采用高速示波器对开关柜进行特高频精确定位分析，319 电压互感器开关柜处发现异常特高频信号，与巡检仪测试结果一致，如图 2-4-3 所示，示波器 10ms 波形图一个工频周期（20ms）内出现两簇放电脉冲信号，脉冲信号具有工频相关性，放电幅值最大为 1.3V 左右。

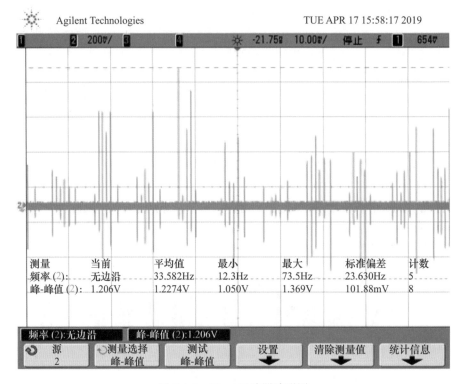

图 2-4-3　10ms 示波器波形图

② 判断放电类型

对特高频 PRPD 图谱（相位模式）、PRPS 图谱（实时模式）进行分析，如图 2-4-4 所示，放电信号在工频相位的正、负半周均有出现，有一定的对称性，放电脉冲幅值稳定且相邻放电时间间隔基本一致，主要集中在第一、第三象限，放电相位特征明显。由此判断为 319 电压互感器开关柜内存在悬浮放电缺陷。

③ 横向定位分析

将黄色特高频传感器放置在 319 电压互感器开关柜左侧中部，绿色传感器放置在右侧中部，检测信号到达两只传感器时延相同。如图 2-4-5 所示，由定位波形可见绿色传感器波形与黄色传感器波形基本重合，说明放电源在两传感器之间中分面，即图 2-4-5 所示蓝线平面内。

④ 纵向定位分析

将黄色特高频传感器放置在 319 电压互感器开关柜面板上侧，绿色传感器放置在面板下部观察窗，检测信号到达两只传感器时延相同，如图 2-4-6 所示，由定位波形可见绿色传感器波形与黄色传感器波形基本重合，说明放电源在两传感器之间中分面，图 2-4-6所示蓝线平面内。

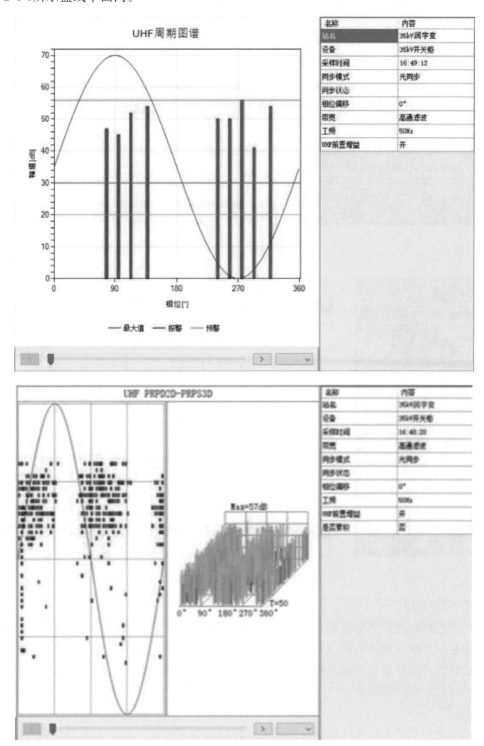

图 2-4-4　特高频 PRPD/PRPS 图谱

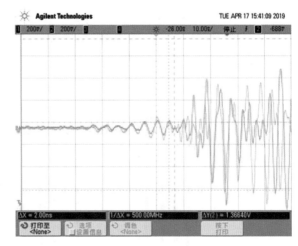

图 2-4-5　定位传感器位置及定位波形图①

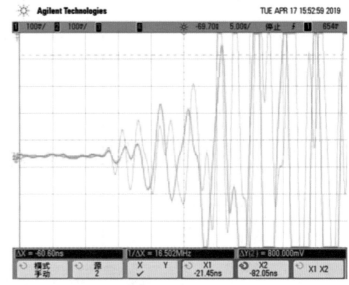

图 2-4-6　定位传感器位置及定位波形图②

⑤ 深度定位分析

将黄色特高频传感器放置在 319 电压互感器开关柜面板前侧下方，绿色传感器放置在开关柜后部观察窗，检测信号到达两只传感器时延相同，如图 2-4-7 所示，由定位波形可见绿色传感器波形与黄色传感器波形基本重合，说明放电源在两传感器之间中分面上，略靠近绿色传感器。

⑥ 定位结论

采用平分面法，对 319 电压互感器开关柜进行精确定位，定位位置如图 2-4-8 中所示红色区域内，即开关柜内隔离开关 B 相触头附近。

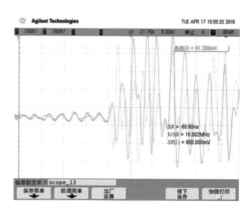

图 2-4-7　定位传感器位置及定位波形图③

图 2-4-8　电压互感器开关柜

3. 综合分析

2019 年 6 月 19 日对 319 电压互感器开关柜进行停电检查，主要针对前期带电检测定位分析的放电源位置附近进行详细检查，发现电压互感器 B 相 N 端接地线连接不良，即将断裂，如图 2-4-9（a）中所示红色区域，现场解体照片如图 2-4-9（b）所示。

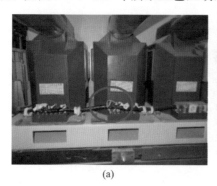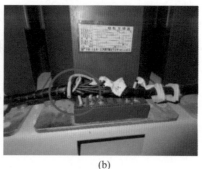

(a)　　　　　　　　　　　　　　(b)

图 2-4-9　35kV Ⅰ段母线电压互感器 319 开关柜解体照片

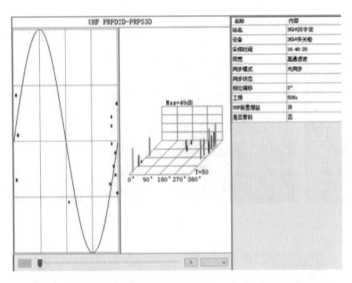

图 2-4-10　35kVⅠ段母线电压互感器 319 开关柜定位波形图

4. 案例总结

（1）通过本次带电检测发现，特高频局部放电带电检测抗干扰性强，对高压开关柜进行带电检测，其灵敏度较高。

（2）暂态地电压对悬浮电位型放电缺陷检测较为灵敏，而超声波对此类缺陷的灵敏度较低。

（3）特高频局部放电带电检测、超声波局部放电带电检测与暂态地电压检测三者相互补充验证，当用一种局部放电检测方法检测到疑似放电信号时，宜采用多种手段进行相互验证。

第三章　组合电器带电检测案例分析

案例 3-1　110kV GIS 支柱绝缘子内部气隙缺陷

1. 情况说明

2017 年 6 月，在对某变电站 110kV ZF5 型 GIS 设备进行特高频局部放电检测时，发现 110kV Ⅱ 段母线气室临近电压互感器间隔处存在局部放电信号，缺陷类型呈绝缘气隙放电特征；超声局部放电检测未发现明显异常信号。现场利用特高频时差法进行局部放电定位，分析放电源位于母线气室支柱绝缘子附近。经图纸比对，确认该区域附近只有支柱绝缘子为高分子有机物（即绝缘件），据此初步判断该支柱绝缘子内部存在气隙缺陷，导致 GIS 设备运行过程中出现局部放电。7 月，对使用上述同型号 GIS 的变电站开展局部放电普测，发现 4 个站存在共性问题，均存在类似绝缘气隙放电特征的局部放电信号。

8 月，对存在局部放电的 GIS 气室进行解体检修，对存在缺陷的支柱绝缘子进行更换，处理后的 GIS 恢复正常运行。11 月，将更换下来的支柱绝缘子送厂家开展实验室检测，X 光测试结果发现，该支柱绝缘子内部存在气泡，局部放电量远超相关标准要求，验证了带电检测结论。

2. 检测过程

（1）检测仪器及装置

DMS 特高频局部放电检测仪、示波器。

（2）检测数据

局部放电带电检测及定位流程如图 3-1-1 所示，利用图纸修正与时差定位双重确认法提高 GIS 局部放电定位精度。

首先，应用 DMS 特高频局部放电检测仪对变电站内环境背景进行检测，未见明显异常信号，如图 3-1-2 所示。

其次，对 GIS 设备进行局部放电检测，在多个测点发现存在明显且连续的特高频局部放电信号，图 3-1-3 为测点示意图，图 3-1-4 为特高频局部放电信号图谱，由图 3-1-4 可见，局部放电信号呈绝缘气隙放电特征。超声波局部放电检测未发现明显异常信号。

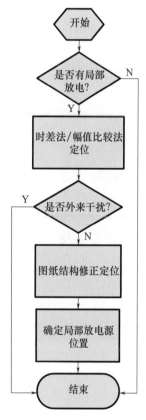

图 3-1-1　局部放电检测及定位流程图

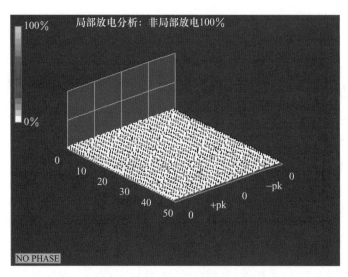

图 3-1-2　背景信号

局部放电定位位置 ──

图 3-1-3　发现特高频局部放电信号
的测点位置

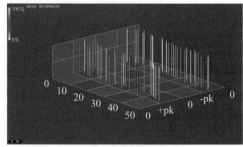

(a) PRPS图谱

(b) PRPD图谱

图 3-1-4　特高频信号图谱

利用特高频时差法进行局部放电定位，图 3-1-5 为现场特高频传感器布置位置示意图。图 3-1-6 为三个测点的特高频信号时域波形，由图可见，黄色传感器信号超前红色传感器约 1ns，红色传感器信号超前紫色传感器。根据时差定位公式进行计算：

$$\Delta t = t_2 - t_1 = (L-x)/c - x/c$$

$$x = (L - c\Delta t)/2$$

式中　c——光速；

　　　Δt——两个信号间的时间差；

L——两个检测点间的距离。

计算结果显示，该局部放电源位于母线气室支柱绝缘子附近，如图 3-1-7 所示。

(a) 测点位置　　　　　　　　　　　　　　　　　(b) 测点距离

图 3-1-5　各检测点位置及实测距离示意图

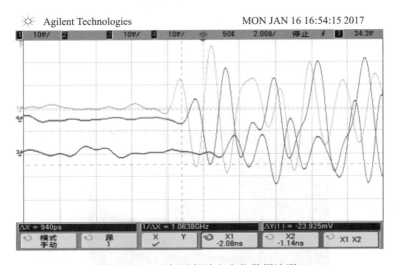

图 3-1-6　现场局部放电定位数据波形

图 3-1-7　局部放电定位位置示意图

3. 综合分析

结合局部放电信号特征呈绝缘气隙放电，经比对图纸确认，局部放电源位置附近只有支柱绝缘子为高分子有机物（即绝缘件），如图 3-1-8 所示。据此推断局部放电源为支柱绝缘子。

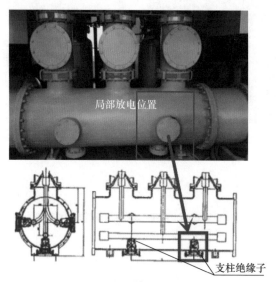

(a) 局部放电位置与结构图对应

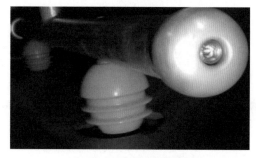

(b) GIS实际内部结构

图 3-1-8　局部放电母线气室结构

7月，对使用上述同型号 GIS 的变电站开展局部放电普测，发现 4 个站存在共性问题，均存在类似绝缘气隙放电特征的局部放电信号，进一步加强了带电检测结果的可信性。

4. 验证情况

8月，对存在局部放电的 GIS 气室进行解体检修，将支柱绝缘子进行更换，处理后的 GIS 恢复正常运行，局部放电信号消失。11月，将更换下来的支柱绝缘子返厂开展实验室检测，X 光测试结果发现该批次支柱绝缘子内部存在气泡，如图 3-1-9 所示；脉冲电流法得到的绝缘件局部放电量达到 682pC，远超相关标准规定的局部放电量限值，如图 3-1-10 所示。

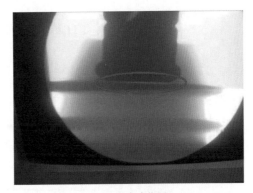

(a) 现场解体更换下来的支柱绝缘子　　　　　(b) X光成像图

图 3-1-9　返厂 X 光检测结果

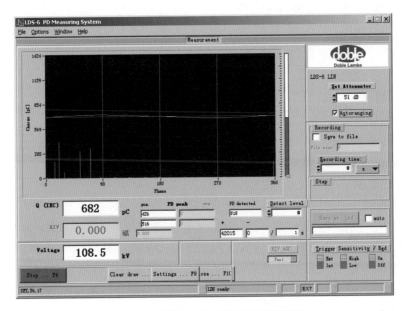

图 3-1-10　脉冲电流局部放电检测结果

5. 案例总结

该案例表明，对于 GIS 批次性局部放电缺陷的分析判断，可通过对同型号、同批次设备进行局部放电检测来进一步验证；对于放电源定位，可使用时差定位法对放电源进行初步定位，再利用 GIS 结构图纸协助开展放电源的定位修正；对于局部放电原因分析，可根据缺陷类型及位置，开展 X 光、脉冲电流局部放电等多种检测技术进行缺陷确认，以对局部放电原因进行综合分析。

案例 3-2　110kV GIS 母线气室局部放电缺陷

1. 情况说明

2019 年 4 月 11 日，对某 110kV 变电站 110kV GIS 设备进行局部放电检测。发现 110kV 母线间隔 1411 隔离开关、母联 1121 隔离开关与母线连接盆式绝缘子存在特高频信号，信号特征呈相位对称分布，放电次数少、幅值变化大、相位分布较稳定，未检测到超声局部放电信号。使用高速采样示波器进行特高频时差法定位，判断放电点距离 1411 隔离开关测点约 1.2m 处。5 月 21 日、7 月 25 日分别对上述异常位置进行局部放电复测，仍然存在特高频信号，且幅值略有增长，信号定位结果与首次检测基本一致。

10 月 20 日，对 GIS 进行解体发现，在母线 A 相绝缘支撑及绝缘支撑与导体连接的位置存在放电灼烧痕迹，A 相绝缘支撑位置与特高频定位结果一致。10 月 23 日，对检修后的 GIS 设备进行耐压，同时进行特高频局部放电检测，未发现异常信号，设备运行正常。

该 GIS 设备厂家为沈阳高压开关有限责任公司，型号为 ZF6-110，投运日期为 2001 年。

2. 检测过程

（1）检测仪器及装置

TWPD-510 手持式局部放电巡检仪、TWPD-2623 便携式局部放电巡检仪、RTH1004 手持式数字式示波器。

（2）检测数据

① 首次检测

2019 年 4 月 11 日，通过特高频局部放电检测发现在 110kV GIS 某线间隔 1411 隔离开关与母线连接盆式绝缘子位置、母联 1121 隔离开关与母线连接盆式绝缘子位置均存在特高频信号，幅值分别为 −58dBm、−57dBm，外部背景幅值为 −75dBm，如图 3-2-1 所示。另外，同步开展了超声波局部放电检测，并未检测到异常信号。

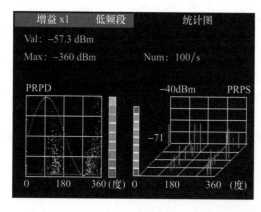
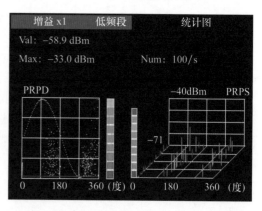

图 3-2-1　4 月 11 日检测得到的特高频信号图谱

为了进一步进行特高频局部放电定位检测，在上述存在特高频信号的设备区域共选取 3 个测点进行了定位分析，测点布置如图 3-2-2 所示。

图 3-2-2　测点示意图

采用高速示波器对特高频信号进行采样，考虑到读取信号时差时可能存在误差，对每组测点比对工况采集了 3 组数据，如图 3-2-3 所示。对图中时差取算数平均，并使用时差法对信号源位置进行分析，如图 3-2-4 所示。由图可见，经计算分析，判定局部放电源位于 1411 隔离开关与母联 1121 隔离开关盆式绝缘子之间通管上，距离 1411 隔离开关测点约 1.2m 处。

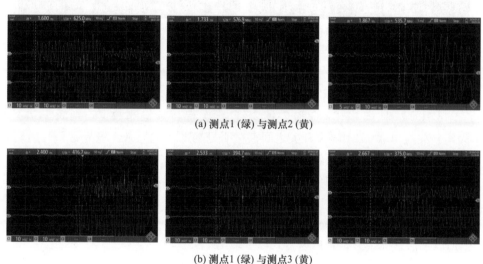

图 3-2-3　特高频信号时域图谱

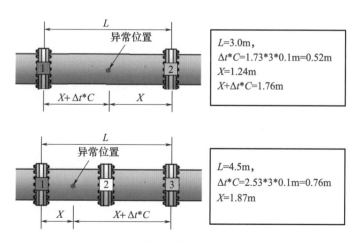

图 3-2-4　特高频信号时差定位计算

② 跟踪复测

5月21日及7月25日，分别对上述特高频信号进行跟踪复测，发现信号仍然存在，幅值有所增长，分别达到了−43.7dBm、−43.6dBm，信号prpd及prps图谱如图3-2-5所示。再次进行精确定位检测，定位结果与首次检测结果一致，过程与数据不再赘述。另外，同样未检测到异常超声波局部放电信号。

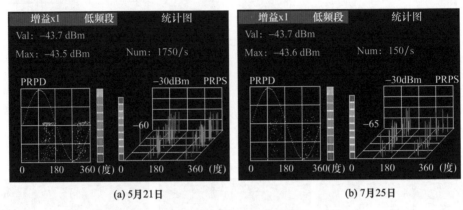

(a) 5月21日   (b) 7月25日

图 3-2-5　复测特高频信号图谱

3. 综合分析

综合4月11日、5月21日和7月25日三次特高频检测数据，判断110kV GIS 1411隔离开关与母联1121隔离开关之间存在明显局部放电异常。该异常信号呈对称分布，周期重复性高，放电幅值较高，放电相位稳定。

三次局部放电精确定位的分析结果基本一致，通过选取多组数据运用均值法减小误差，最终判断局部放电源位于1411隔离开关与母联1121隔离开关盆式绝缘子之间通管上，距离1411隔离开关测点约1.2m处。

根据以上信息综合分析，可以得到以下结论：

110kV GIS 1411隔离开关与母联1121隔离开关之间距离1411隔离开关测点约1.2m处存在局部放电情况，该位置附近有绝缘支撑件和导体连接，初步判断局部放电可能为该连接处接触不良导致。

4. 验证情况

2019年10月20日，对110kV GIS 1411隔离开关与母联1121隔离开关之间通管进行解体，发现在导体A相绝缘支撑及绝缘支撑与导体连接的位置存在放电灼烧痕迹，与特高频定位结果一致，如图3-2-6所示，放电原因为导体与绝缘支撑之间接触不良所致。

5. 案例总结

(1) 本案例充分体现了特高频局部放电检测方法在GIS设备局部放电检测中的有效性。但受制于放电机理、传播路径等原因，超声局部放电检测法对部分局部放电信号并不十分有效。

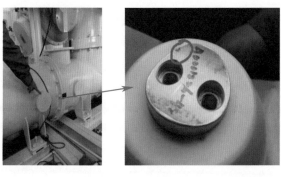

图 3-2-6 现场解体照片

（2）采用特高频局部放电时差定位方法，可采用多组定位数据均值计算定位结果，以降低现场干扰和读数误差带来的定位结果偏差。

案例 3-3　220kV GIS 隔离开关悬浮类局部放电缺陷

1. 情况说明

2015 年 8 月 1 日～12 日，对某 500kV 变电站 220kV GIS 开展局部放电带电检测，发现 1 号主变压器 220kV 侧 8671 间隔 A 相乙隔离开关线路侧绝缘盆、电流互感器侧绝缘盆处均存在特高频及超声局部放电信号，特高频局部放电图谱呈明显悬浮放电特征，且人耳能听到明显的内部放电声响。

2. 检测过程

（1）检测仪器及装置

特高频局部放电检测仪 DMS/PDMG-P，超声波局部放电检测仪，数字示波器 TEK TPS 2024B。

（2）检测数据

特高频局部放电检测中，在 1 号主变压器 220kV 侧 8671 间隔 A 相选取了 6 个测点，如图 3-3-1 所示，检测结果的 PRPS 图谱见表 3-3-1。

图 3-3-1　测点位置分布示意图

表 3-3-1　8671 间隔 A 相特高频局部放电普测结果

序号	检测位置	图谱文件
1	背景噪声	局部放电分析：非局部放电100%

续表

序号	检测位置	图谱文件
2	测点 1 （主变压器进线 套管 A 相绝缘盆）	
3	测点 2 （8671617 接 地刀闸线路 侧 A 相绝缘盆）	
4	测点 3 （乙刀线路侧 A 相绝缘盆）	
5	测点 4 （乙刀 CT 侧 A 相绝缘盆）	

序号	检测位置	图谱文件
6	测点 5 （A 相Ⅰ母侧绝缘盆）	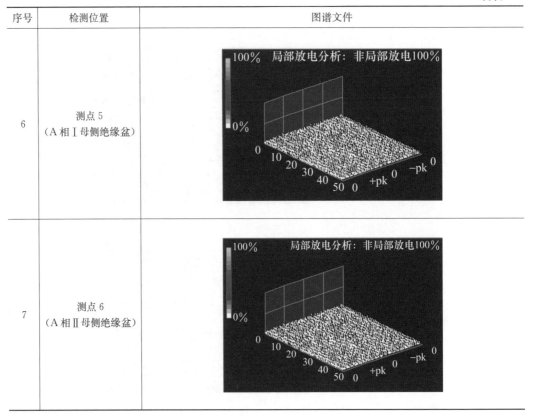
7	测点 6 （A 相Ⅱ母侧绝缘盆）	

结合以上数据可知，1 号主变压器 220kV 侧 8671 间隔 A 相乙隔离开关线路侧绝缘盆、电流互感器侧绝缘盆存在特高频局部放电信号，幅值较大，且能听到明显的内部放电声响。放电信号在工频相位的正、负半周均有出现，且有一定的对称性，PRPS 图谱具有"内/外八字"分布特征，判断信号为悬浮放电类型。发现异常后，采取加装屏蔽布等方法排除外界干扰，如图 3-3-2 所示，仍检测到明显的特高频信号，因此判断放电信号来自 GIS 设备内部。

图 3-3-2　采用屏蔽布排除外部干扰

比较表 3-3-1 中 6 个测点的 PRPS 图谱幅值可见，测点 3、4 的信号幅值较大，判断放电源可能接近该测点所在的乙隔离开关附近，并且在该区域人耳贴近筒壁可以听到明显的放电声响。

发现异常后，通过超声波局部放电检测方法对乙隔离开关附近进行超声波检测，测点分布如图 3-3-3 所示，检测结果见表 3-3-2，由表可见，乙隔离开关处存在明显的超声局部放电信号。

图 3-3-3 超声局部放电测点正视分布图

表 3-3-2 超声局部放电检测数据

序号	测点	有效值（mV）	峰值（mV）	频率分量 1（mV）	频率分量 2（mV）
1	背景	0.2	0.8	0	0
2	CT 单元	1.5	6.0	0.2	0.7
3	867167 接地	3.0	15	0.5	1.5
4	乙刀闸	6.0	30	0.8	2.6
5	8671617 接地	1.5	6.0	0.3	0.8
6	出线管母♯1	0.4	2.0	0.1	0.2

3. 综合分析

结合特高频局部放电、超声局部放电及可听声情况综合判断，认为该变电站 220kV GIS 1 号主变压器 220kV 侧 8671 间隔乙隔离开关存在特高频及超声局部放电信号，幅值较大，呈悬浮放电特征，且能听到明显的内部放电声响。

4. 验证情况

5. 案例总结

对于悬浮类局部放电缺陷，特高频法及超声法均较为敏感，可同时使用两种方法进行局部放电检测，互为印证，提升带电检测的准确性。

案例 3-4　110kV GIS 电压互感器顶丝松动缺陷

1. 情况说明

2016 年 7 月，对某 220kV 变电站进行带电检测，在开展 110kV GIS 1 号 PT 间隔超声波局部放电检测时，发现 PT 罐体超声数据异常，远远大于背景值，特高频局部放电测试、SF$_6$ 气体分解物检测，均未发现异常。该 PT 为 GIS 内嵌式 PT。

2. 检测过程

（1）检测仪器及装置

AIA 超声波检测仪、PAP-100 超声波检测仪。

（2）检测数据

检测人员使用 AIA 超声波检测仪测试并保存了背景噪声，如图 3-4-1 所示。

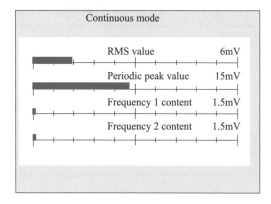

图 3-4-1　背景噪声

随后在测试 110kV 1 号 PT 所在气室时，发现 1 号 PT 较大范围内均能检测到异常超声信号。检测人员选取 7 个测点进行检测（图 3-4-2），相应测点的数据见表 3-4-1。

图 3-4-2　测点分布情况

表 3-4-1 超声波局部放电检测数据

测点	有效值/mV	峰值/mV	50Hz	100Hz
1	35	190	1	17
2	33	187	1.5	15
3	36	188	0.9	16
4	32	191	0.9	15
5	1.2	7.3	0.02	0.03
6	1	7.5	0.03	0.03
7	0.9	6.5	0.02	0.02

PT 罐体超声局部放电信号整体较大，其中幅值、相关性最大的测点 1 检测结果如图 3-4-3 所示，由图可见，信号的有效值和峰值分别为 35mV 和 190mV，50Hz 频率相关性为 1mV，100Hz 频率相关性为 17mV；相位图谱呈现多条竖线并在零点（180°）左右两侧均匀分布，符合典型机械振动图谱标准。

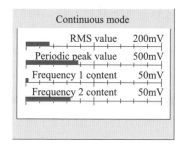 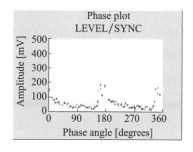

(a) 连续模式   (b) 飞行图谱

图 3-4-3 测点 1 超声检测结果

利用 PAP-100 超声波局部放电测试仪对异常信号进行验证，测点 1 的特征指数图谱如图 3-4-4 所示，在特征指数模式下峰值聚集在 1 处；长波模式图谱如图 3-4-5 所示，一个工频周期内出现两簇异常信号。检测结果符合机械振动图谱标准。

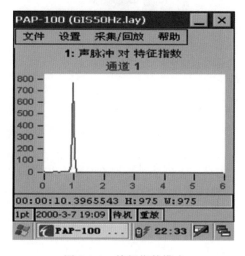 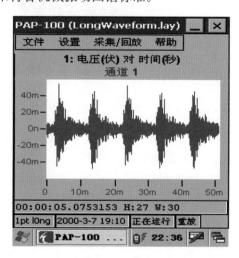

图 3-4-4 特征指数模式   图 3-4-5 长波模式

为判断异常振动是由内部引起还是由外部传入，便于进一步开展定位检测。首先，测量设备架构部位，即图 3-4-2 中测点 6 和测点 7，检测结果无异常；其次，测量 PT 与隔离开关连接气室，即测点 5，检测结果无异常。据此分析，排除了检测到的异常振动由外部传入的可能，故判断超声异常信号来自设备内部。

3. 综合分析

（1）本案例分析与诊断如下：

① 使用 AIA 和 PAP-100 进行超声波局部放电检测，检测图谱符合典型机械振动图谱标准；

② 特高频局部放电检测无信号，主要是由于特高频检测信号为电磁波，对纯机械振动不敏感；

③ SF_6 气体分解物检测未见异常，主要是由于异常振动并未产生放电，故未检测到气体分解物。

（2）跟踪检测

综合利用超声波局部放电检测、特高频局部放电检测、SF_6 气体分解物检测技术，检测人员对 110kV1 号 PT 进行了跟踪检测。通过数据纵向对比，特高频局部放电检测、SF_6 分解物检测未见异常，而超声波异常信号有日益增大的趋势。根据这种情况，建议将 110kV1 号 PT 返厂解体。

4. 验证情况

110kV1 号 PT 返厂解体后，观察壳体内壁及底板、绝缘盆子、线包等部位都很干净，未见异物，但 C 相线包处一颗固定顶丝松动，解体图片如图 3-4-6 所示。

C相线包顶丝松动

图 3-4-6 C 相线包

5. 案例总结

（1）在检测某处发现异常信号时，应通过设置多个测点，通过不同测点数据变化情况，综合判断异常信号的来源。

（2）判断缺陷类型，应结合多种检测手段、不同厂家设备进行综合分析，相互印证。

（3）设备运行中，由于受到强磁场和电场以及设备安装质量的影响造成紧固件的松动，可能会产生悬浮放电。

（4）对于运行设备存在异常信号情况，应定期跟踪检测，密切关注其发展趋势。当异常信号日益增大时，应缩短检测周期或停电检修。

案例 3-5　220kV GIS 隔离开关传动杆存在悬浮类局部放电缺陷

1. 情况说明

2019 年 8 月，开展某变电站 220kV GIS 及主变压器局部放电在线监测系统维护时，发现 220kV GIS 某线路间隔存在间歇性悬浮放电信号。为排查该异常信号，对该间隔 GIS 设备进行了局部放电带电检测及定位，经分析确认该线路间隔 B 相 91024 隔离开关气室存在局部放电缺陷。后续对该气室进行了停电解体检查，在隔离开关动触头传动杆与机构连接处发现了放电分解物粉末，验证了本次局部放电带电检测结果的准确性。

2. 检测过程

（1）检测仪器及装置

局部放电在线监测系统、SDMT PD71 便携式特高频局部放电检测仪、示波器。

（2）检测数据

① 在线监测数据

2019 年 8 月，对某变电站 220kV GIS 及主变压器局部放电开展在线监测系统维护时，发现 220kV GIS 某线路间隔存在间歇性悬浮放电信号，如图 3-5-1、图 3-5-2 所示。

② 便携式检测仪检测及定位数据

采用 SDMT PD71 便携式特高频局部放电检测仪对该线路间隔进行了局部放电测试及定位，测点位置如图 3-5-3 所示。其中，测点 1、3、4 为 GIS 在线监测系统固有测点，测点 2、5、6 为 GIS 绝缘盆子浇注口，测点 7 为置于套管底部的背景传感器。

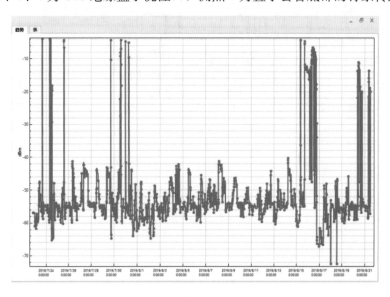

图 3-5-1　220kV GIS 某线路间隔 B 相在线监测系统信号幅值趋势图

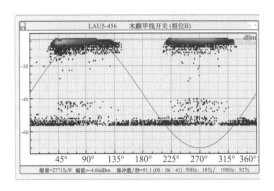
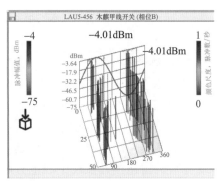

图 3-5-2　220kV GIS 某线路间隔 B 相特高频信号
PRPD 图谱（左）和 PRPS 图谱（右）

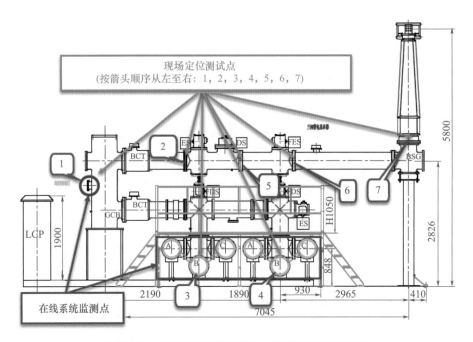

图 3-5-3　异常线路间隔局部放电特高频测点分布图

选取测点 1 和 5（二者相距 3.8m）的特高频信号开展局部放电定位，结果如图 3-5-4
所示，定位结果距测点 5 约 0.4m。选取测点 2 和 5（二者相距 1.3m）的特高频信号开展
局部放电定位，结果如图 3-5-5 所示，定位结果距测点 5 约 0.42m。

③ 示波器检测及定位数据

采用示波器应用"时差法"再次进行局部放电定位验证。"时差法"定位原理：通
过特高频信号到达两个传感器的时间差值计算得到局部放电信号源距两个传感器之间的
距离差，从而得到特高频信号源的大致位置。

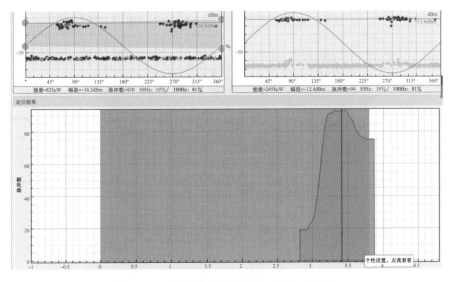

图 3-5-4　局部放电定位结果（测点 1 和 5）

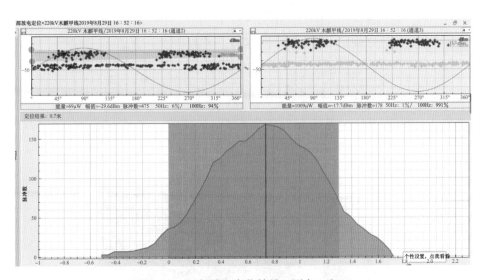

图 3-5-5　局部放电定位结果（测点 2 和 5）

现场通过特高频传感器和高精度示波器对局部放电信号进行"时差法"定位，结果如图 3-5-6、图 3-5-7 所示。其中，图 3-5-6 为测点 1、5 处采集得到的特高频信号，读取图中数据得到时差约为 10.1ns，计算得到定位结果距测点 5 约 0.385m；图 3-5-7 为测点 2、5 处采集得到的特高频信号，读取图中数据得到时差约为 1.7ns，计算得到定位结果距测点 5 约 0.395m。高速示波器"时差法"定位结果与前述便携式特高频局部放电测试仪定位结果一致，互相印证了检测结果的准确性。

3. 综合分析

结合局部放电在线监测装置、便携式特高频局部放电检测仪及高速示波器的局部放电检测和定位结果，判断局部放电源位于 220kV GIS 某线路间隔 B 相 91024 隔离开关侧绝缘盆和 9102C0 接地开关侧绝缘盆之间，且靠近 91024 隔离开关一侧，如图 3-5-8 所示。

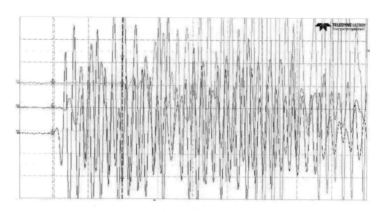

图 3-5-6 "时差法"定位（测点 1 和 5）

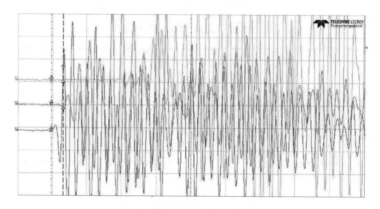

图 3-5-7 "时差法"定位（测点 2 和 5）

图 3-5-8 局部放电源定位位置示意图

4. 验证情况

后续对该线路 91024 隔离开关 B 相气室进行了解体分析，并对 GIS 内部各个可能出现悬浮放电的位置进行了检查，在动触头传动杆上方与机构连接位置发现了明显放电分解物粉末，见表 3-5-1。进一步推断发生局部放电的主要原因可能为动触头传动拉杆两端无螺栓连接，在 GIS 运行过程中由于接触不良形成悬浮电极产生局部放电。

表 3-5-1 91024 隔离开关 B 相气室解体检查结果

缺陷位置	GIS 腔体结构图	检查实物图
动触头传动杆上方与机构连接处	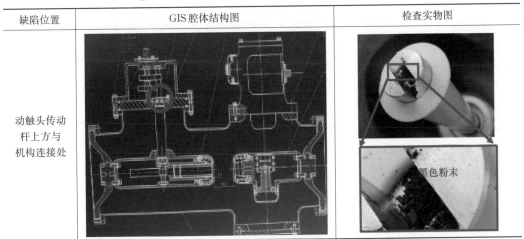	黑色粉末

对解体中发现的黑色粉末进行了元素分析，结果表明该粉末主要成分为 AlF_3、FeF_3 和炭黑，为 SF_6 气体在高能活动（如局部放电）下分解后与气室中的金属材料发生反应而生成。

5. 案例总结

通过对疑似缺陷设备开展特高频局部放电检测、"时差法"定位等带电检测，判断该线路间隔 91024 隔离开关 B 相气室存在悬浮类局部放电缺陷，后续对设备的解体分析结果验证了本次带电检测结论，体现了综合运用特高频局部放电测试、"时差法"定位可以有效识别并准确检测悬浮类局部放电缺陷。

案例 3-6　220kV GIS 隔离开关局部放电缺陷

1. 情况说明

2016 年 7 月 10 日，对某 220kV 变电站 GIS 设备进行局部放电带电检测，在♯1 主变压器 220kV 侧 201-D3 隔离开关 A 相气室发现存在异常的特高频及超声局部放电信号，经分析认为在 GIS 设备内部存在放电现象，信号类型为悬浮电极放电，放电点位于 201-D3 隔离开关传动机构连接处。经设备停电解体检修，在 201-D3 隔离开关 A 相传动机构连接部位发现明显放电痕迹，验证了带电检测结果。该 220kV GIS 设备由山东泰开高压开关有限公司生产，出厂日期为 2012 年 6 月。

2. 检测过程

（1）检测仪器及装置

便携式局部放电巡检仪、局部放电检测定位系统。

（2）检测数据

① 特高频时差法定位

对变电站内 220kV GIS 进行特高频局部放电普测时，在♯1 主变压器 220kV 侧 201-D3 隔离开关间隔 A 相附近检测到异常的特高频信号，图 3-6-1 为现场检测照片。

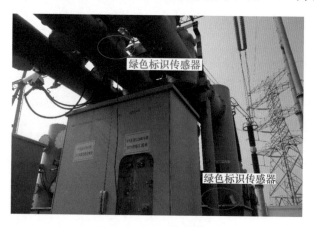

图 3-6-1　现场检测照片

在该设备上测得的特高频信号如图 3-6-2 所示，其中，绿色标识的特高频传感器放置于 GIS 盆式绝缘子上作为检测传感器，红色标识的特高频传感器放置于外部空间作为背景传感器。由图图 3-6-2 可见，在♯1 主变压器 220kV 侧 201-D3 隔离开关 A 相附近盆子检测到明显的特高频信号，该信号具有工频相关性，脉冲数较少，幅值较大，并存在一定的间歇性。与悬浮电极放电的特征相符，判断为悬浮电极类放电。通过朝各个方向移动红色标识的背景传感器进行时差分析，绿色标识的检测传感器信号在时间上始终超前于背景信号，因此判断该信号来自 GIS 设备内部。

为了进一步确定信号源位置，采用特高频时差定位法，对♯1 主变压器 220kV 侧 201-D3 隔离开关 A 相盆式绝缘子与相邻盆式绝缘子处特高频信号进行时差定位分析，测试过程如下：

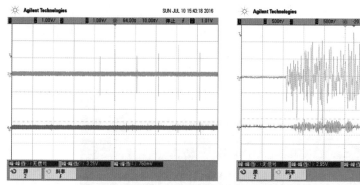

图 3-6-2　特高频信号时域波形

　　将绿色标识的特高频传感器紧贴于♯1 主变压器 220kV 侧 201-D3 隔离开关 A 相盆式绝缘子上，红色标识的特高频传感器贴在♯1 主变压器 220kV 侧 201-D3 接地隔离开关 A 相盆式绝缘子上，现场测试照片与信号波形如图 3-6-3 和图 3-6-4 所示。由图 3-6-3 可见，绿色标识的特高频信号在时间上明显超前于红色标识的信号，因此，放电源更靠近绿色标识传感器所对应的盆式绝缘子附近气室，即♯1 主变压器 220kV 侧 201-D3 隔离开关 A 相。

图 3-6-3　现场测试照片

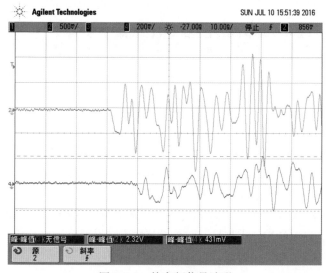

图 3-6-4　特高频信号波形

81

改变红色标识的特高频传感器，将其贴在♯1主变压器220kV侧201-D2接地隔离开关A相上，现场测试照片与信号波形如图3-6-5和图3-6-6所示。由图可见，绿色标识的特高频信号在时间上超前于红色标识的特高频信号大约3ns，因此，放电源更靠近绿色标识传感器所对应的盆式绝缘子。

图 3-6-5　现场测试照片

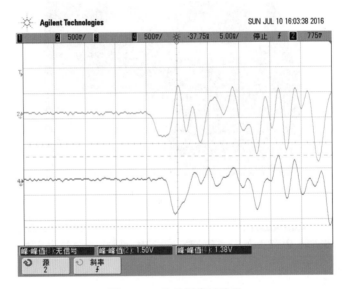

图 3-6-6　特高频信号波形

② 声电联合定位

为了进一步使用声电联合法进行测试以对放电源进行精确定位，我们将绿色标识的特高频传感器固定在♯1主变压器220kV侧201-D3隔离开关A相邻近的盆式绝缘子上，红色标识的特高频传感器放置在设备周边外部空间，紫色标识的超声传感器固定在♯1主变压器220kV侧201-D3隔离开关A相外壁上，如图3-6-7所示。

在♯1主变压器220kV侧201-3隔离开关A相上测得的特高频及超声信号如图3-6-8所示，其中，紫色标识的为超声信号，绿色和红色标识的为特高频信号。由图3-6-8可见，测得的特高频与超声信号一一对应，具有明显的工频相关性。

图 3-6-7 现场测试照片

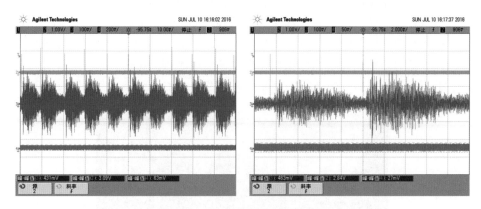

图 3-6-8 特高频及超声信号波形

为了确定放电源位置，采用超声波时差法进行定位分析，并对♯1 主变压器 220kV 侧 201-D3 隔离开关 A 相的盆式绝缘子附近进行同步检测，如图 3-6-9 所示。由图可见，图（b）中特高频信号与隔离开关传动机构处超声信号的时差最小约为 $150\mu s$，因此，判断局部放电源更靠近图（b）中的黄色标识传感器。

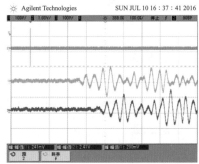

(a) 测点布置方式1

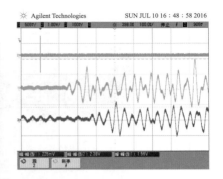

(b) 测点布置方式2

图 3-6-9　超声时差定位测试

3. 综合分析

声电联合检测定位结果显示，在♯1 主变压器 220kV 侧 201-D3 隔离开关 A 相内部存在异常放电现象。该放电信号存在明显的工频相关性，脉冲数较少，幅值较大，间歇性较强，应为悬浮电极类放电。结合♯1 主变压器 220kV 侧 201-3 隔离开关 A 相附近特高频、超声波信号特征与设备内部结构，判断该放电源可能位于♯1 主变压器 220kV 侧 201-3 隔离开关 A 相传动机构附近，具体位置如图 3-6-10 所示。

图 3-6-10　放电源大致位置

4. 验证情况

12 月 11 日，对存在放电的 GIS 间隔进行现场停电解体维护，在♯1 主变压器 220kV 侧 201-3 隔离开关 A 相传动机构连接部位发现明显的放电痕迹（图 3-6-11）。

5. 案例总结

特高频局部放电检测与超声波局部放电检测方法各有优缺点，前者不受机械振动干扰影响，且信号传播范围较大，可用于判断是否存在放电并对放电源所处大致区域进行分析；后者易受设备机械振动干扰影响，但可利用其信号衰减快的特性开展放电源精确定位。由此可见，有效结合声电联合两种检测手段，能够更加精确地检测并定位设备内部放电位置。

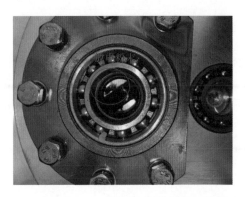

图 3-6-11　201-3 隔离开关 A 相放电痕迹

案例 3-7   110kV GIS 气室 SF₆ 气体湿度异常

1. 情况说明

2018 年 9 月，应用 SF₆ 气体检测仪对某 220kV 变电站新投运的 GIS 设备进行 SF₆ 气体湿度检测时，发现♯2 主变压器 110kV 侧避雷器 16B5 隔离开关气室气体湿度超注意值。经过分析检查发现，该气室在安装时设备内部未加装水分干燥吸附装置。

2. 检测过程

（1）检测仪器及装置

此次检测主要使用的是 SF₆ 电气设备气体综合检测仪，其工作界面如图 3-7-1 所示。

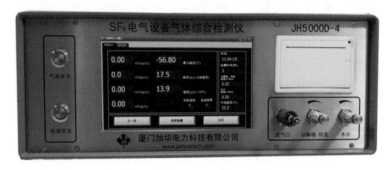

图 3-7-1   JH5000D-4 型 SF₆ 电气设备气体综合检测仪

（2）检测数据

2018 年 9 月 19 日，对某 220kV 变电站新投运间隔 GIS 气室进行 SF₆ 气体检测时，发现♯2 主变压器 110kV 侧避雷器 16B5 隔离开关气室 SF₆ 气体湿度偏高为 $478\mu L/L$，而《国家电网公司变电检测通用管理规定 第 7 分册 SF₆ 湿度检测细则》中规定的气体湿度注意值为 $500\mu L/L$。考虑到检测结果已接近注意值，9 月 25 日对该气室进行了复测，SF₆ 气体湿度进一步升高，达到了 $605\mu L/L$，大幅超过了 $500\mu L/L$ 的注意值。具体检测结果见表 3-7-1。

表 3-7-1   110kV 侧避雷器 16B5 隔离开关气室 SF₆ 气体检测结果

检测日期	被检气室	检测值（$\mu L/L$）				
		SO_2	H_2S	HF	CO	湿度
2018.9.19	16B5	0	0	0	0	478
2018.9.25	16B5	0	0	0	0	605

3. 综合分析

由于 16B5 隔离开关气室的 SF₆ 气体湿度在六天内由 478 uL/L 大幅增加到 605uL/L，结合该设备为新投运设备，初步判断气体湿度偏高可能是由于设备安装时抽真空不彻底，或吸附剂存在缺陷所导致，建议必须尽快处理。

4. 验证情况

2018 年 9 月 28 日，对♯2 主变压器 110kV 避雷器 16B5 隔离开关气室进行了停电解体检查。检查发现，该气室未装设干燥吸附装置，如图 3-7-2 所示，进一步验证了气体湿度检测结果。随即对该气室加装了吸附装置，如图 3-7-3 所示，确保充气后 16B5 隔离开关气室中的 SF$_6$ 气体始终保持相对干燥。

图 3-7-2　GIS气室未装设干燥吸附装置

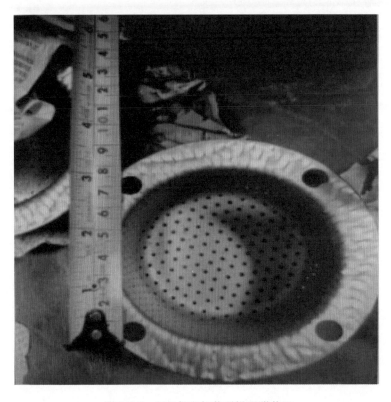

图 3-7-3　GIS气室加装干燥吸附装置

2018 年 10 月 30 日，16B5 隔离开关气室抽真空补气处理后，再次对该气室进行 SF_6 气体测试，并在设备投入运行 24h 后、投入运行 1 个月内、投入运行 2 个月内分别进行检测，结果见表 3-7-2。

表 3-7-2　110kV 侧避雷器 16B5 隔离开关气室检修后 SF_6 气体湿度检测结果

检测日期	被检气室	检测值（μL /L）				
		SO_2	H_2S	HF	CO	湿度
2018.9.30	16B5	0	0	0	0	74
2018.10.1	16B5	0	0	0	0	75
2018.10.19	16B5	0	0	0	0	80
2018.11.25	16B5	0	0	0	0	88

经过连续近 2 个月对 16B5 隔离开关气室的气体湿度进行跟踪检测发现，处理后的 SF_6 气体湿度约为 $80\mu L /L$ 左右，远低于注意值 $500\mu L /L$，说明该气室加装的干燥吸附装置起到了应有的除湿干燥作用，设备运行状态良好。

5. 案例总结

由于各种原因，GIS 设备内部 SF_6 气体不可避免会产生有一定湿度，当湿度达到一定含量时，将对设备的绝缘性能、开断电流性能及零配件腐蚀等产生不利影响。因此，必须加强 SF_6 气体湿度检测，该带电检测技术能够有效及时发现 GIS 气室绝缘气体异常，避免电网潜在事故的发生。

案例 3-8 220kV 变电站母线盆底绝缘子局部放电灼烧裂解

1. 情况说明

2018 年 5 月 6 日，某 220kV 变电站母线差动保护动作，对 II 段母线气室进行诊断试验，发现该母线气室 SF_6 气体分解物测试结果异常，且现场存在臭鸡蛋气味。为避免设备发生故障，5 月 10 日，对母线气室进行开罐检查和处理，解体后发现母线盆底绝缘子有明显烧蚀，底盖表面有放电灼烧痕迹，与之前分解产物测试结果的判断结果基本一致，解体大修后，对该设备进行高压及化学试验，合格后投入运行，从而避免发生设备事故和停电事故。本案例还进一步使用了现场 SF_6 气体比色管法检测，并与 SO_2 和 H_2S 标准气体进行了检测验证比对。

2. 检测过程

（1）检测仪器及装置

SF_6 电气设备气体综合检测仪、SF_6 电气设备分解物检测仪（带比色管）、比色管（H_2S）、100ppm 的 SO_2 样气、5ppm 的 H_2S 样气。

（2）检测过程和检测数据

2018 年 5 月 6 日，某省电力公司下属供电公司某 220kV 变电站母线差动保护动作，具体的母线气室设备信息见表 3-8-1。

表 3-8-1 220kV 变电站 263、264 间隔母线气室设备信息

母线气室设备信息		
铭牌 参数	生产厂家	平高
	型号	ZF11-250（L）
	出厂日期	2010.06
	额定压力（MPa）	0.50
试验 参数	间隔名称	母线气室
	项目/设备名称	母线气室
	表号	28φHQCF
	SF_6 压力（表压）（MPa）	0.52

该供电公司电气试验班使用了厦门加华的 JH5000D-4 型 SF_6 电气设备气体检测仪，对 II 段母线气室进行诊断试验，进行了多次 SF_6 分解物的检测，发现与母线气室分解物测试结果异常，测试结果基本一致，取三次数据平均值，具体的检测结果见表 3-8-2。

表 3-8-2 220kV 变电站 263、264 间隔母线气室 SF_6 分解物检测结果

检测仪器	制造厂家	厦门加华电力科技有限公司	
	型号名称/编号	JH5000A-4 型 SF_6 电气设备分解物检测仪/A-0907	
检测时间	2018 年 5 月 6 日	环境温度/湿度	20℃/65%RH

续表

检测数据	分解物组分	SO₂	H₂S	CO	HF
	检测值（μL/L）	70.83	0	16.8	14.55
		70.79	0	16.6	14.51
	平均值（μL/L）	70.81	0	16.7	14.53
	仪器专家诊断	分解物较高，存在高能量放电，当CO＞50时，涉及固体绝缘材料分解，灭弧室可能灼伤。复测确认、查明原因，及时处理			
备注	1. 检测时间较短，1min左右； 2. 现场试验中存在臭鸡蛋气味				

检测完成后，立即组织技术人员进行分析，从母线气室 SF₆ 分解物的检测结果可以看出，检测数据中 SO₂（70.81μL/L）、HF（14.53μL/L）严重超标、H₂S 为零、CO 少量，说明分解物主要为 SF₆ 气体裂解产生，设备内部存在悬浮放电故障，但未涉及固体绝缘材料分解。

3. 综合分析

（1）根据国家标准 GB/T 8905—2012《六氟化硫电气设备中气体管理和检测导则》，规定六氟化硫气体中的分解产物总量 ≤5μL/L 或（SO₂＋SOF₂）≤2μL/L 或 HF≤2μL/L，且要注意分解物增长值。根据国家电网标准 Q/GDW1896—2013《SF₆ 气体分解产物检测技术现场应用导则》规定六氟化硫气体中的分解产物 SO₂≤1μL/L、H₂S≤1μL/L。

（2）对本案例中运行的 SF₆ 电气设备母线气室内气体进行了 SF₆ 分解物（SO₂，CO，H₂S，HF）的检测结果分别为：SO₂ 含量为 70，81μL/L，CO 含量为 16.7μL/L，HF 含量为 14.53μL/L，分解产物含量均已大大超过国家标准和国家电网企业标准要求。

该变电站运维工程师反映现场有较浓的类似臭鸡蛋刺激性味道，初步判断气室内应有 H₂S 分解物，但仪器未检出，存在疑问。为了更好地分析和解释这个现象，本案例应用比色管法快速判断 SF₆ 分解物（SO₂ 和 H₂S）的技术。2018 年 5 月 30 日运维工程师在另外跳闸的气室用同一台带比色管的 SF₆ 电气设备分解物检测仪（JH5000A-4 A-0907）进行检测，检测数据见表 3-8-3。

表 3-8-3 SF₆ 故障气体分解物检测结果与比色管检测颜色变化情况对比

检测仪器	厂家	厦门加华电力科技有限公司			
	型号名称	JH5000A-4 型 SF₆ 电气设备分解物检测仪（带比色管）			
检测时间	2018 年 5 月 30 日	环境温度/湿度		20℃/65％RH	
检测数据	分解物组分	SO₂	H₂S	CO	HF
	检测值（μL/L）	8.10	0	14.1	0

续表

仪器检测结果显示界面 （图 3-8-1）	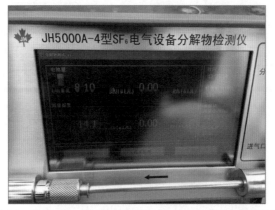 图 3-8-1　JH5000A-4 型 SF$_6$ 电气设备分解物检测仪的检测结果界面	
检测之后使用 H$_2$S 比色管法进行确认	日本 GasTec 的 H$_2$S 比色管型号：4LB 用气量：200mL 现场 SF$_6$ 通气时间：2min 通气后 SO$_2$ 比色检测管与未通气新比色管进行比较，有明显的变色（浅粉色），如图 3-8-2 所示。 根据右边日本 GasTec 公司的 H$_2$S 比色管的说明书资料显示（图 3-8-3）。 浅桃红应为 SO$_2$ 反应色说明了该气室含有 SF$_6$ 的分解产物 SO$_2$	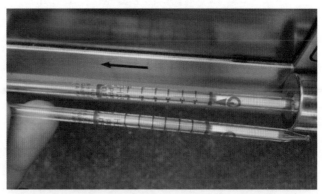 图 3-8-2　现场用带比色管的 JH5000A-4 型 SF$_6$ 电气设备分解物检测仪的通故障 SF$_6$ 气体后的颜色反应 图 3-8-3　H$_2$S 比色管的干扰气体（SO$_2$）的变色结果列表

2018 年 5 月 30 日当天 SF$_6$ 电气设备分解物检测仪的制造商厦门加华电力科技公司的技术服务工程师也对相同 H$_2$S 比色管分别进行通气用标准 SO$_2$、H$_2$S 样气的三次测试试验，已知比色管变色层的长度和气体的浓度成正比关系，观察变色长度就能检测出 SF$_6$ 气体中目标气体的浓度，检测数据如下图 3-8-1～图 3-8-3 所示。

（1）比色管通 5ppm（1ppm×10^{-6}）的 SO_2（200mL 用样气量、2min）

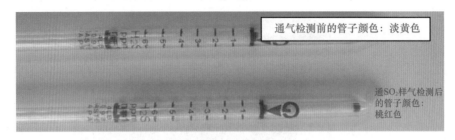

图 3-8-1　H_2S 比色管通入的干扰气体（SO_2）前后的颜色变化对比

两个比色管通气后变色情况对比后，与现场比色管检测出浅粉色基本一致，说明了该气室含有 SF_6 的分解产物 SO_2。

（2）比色管通 2ppm 的 H_2S 样气（100mL 用样气量、2min）

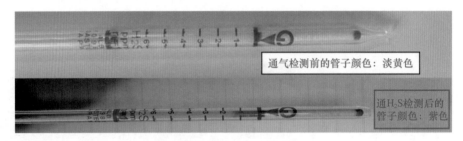

图 3-8-2　H_2S 比色管通入标准 H_2S 气体前后的颜色变化对比

（3）比色管通 100ppm 的 SO_2 样气＋5ppm 的 H_2S 样气（200mL 用样气量、2min）

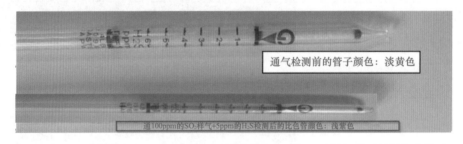

图 3-8-3　H_2S 比色管通入 100ppm 的 SO_2 样气和 5ppm 的 H_2S 样气前后的颜色变化对比

通过上面两个比色管分别通 SO_2 和 H_2S 标准样气比对测试（图 3-8-4），及与实际现场含 SO_2 分解气体的 SF_6 样气通过带比色管的 JH5000A-4 型的检测结果作对比，确认设备内部没有 H_2S 分解物，仪器检测数据准确，同时也说明该气室内部存在悬浮放电，产生了 SO_2 和 HF 分解物。由于没有 H_2S、分解物 CO 值小，基本不涉及固体绝缘分解。建议用户结合局部放电检测进行综合判断。

4. 验证情况

为避免设备发生故障，2018 年 5 月 10 日，该供电公司检修班组对母线气室进行开罐检查和处理，解体后发现母线盆底绝缘子有明显烧蚀现象，底盖表面有放电灼烧痕迹，与之前分解产物测试结果判断结果基本一致（图 3-8-5、图 3-8-6）。解体大修后，对该设备进行高压及化学试验，合格并已投入运行。

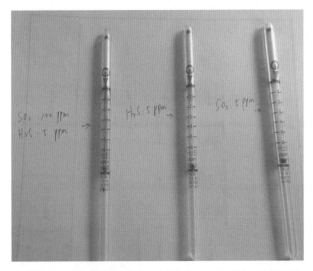

图 3-8-4 H_2S 比色管通入标准标准 SO_2（100ppm）＋H_2S（5ppm）混合气体、
H_2S（5ppm）气体和标准 SO_2（5ppm）的比色管颜色变化对比

图 3-8-5 母线盆底绝缘子有明显烧蚀现象

图 3-8-6 底盖表面有放电灼烧痕迹

5. 案例总结

应用分解产物含量诊断 SF_6 电气设备内部故障虽然是近年来提出的方法，但是由于该法具有能有效检出内部隐患、可带电检测、耗气量少等特点，因此得到越来越多的现场带电检测运行人员的高度重视。由于故障初期的能量小，所产生的分解物很少，而放置在设备内部的吸附剂会吸收硫化物和氟化物，因此发现 SF_6 电气设备异常后，应尽快进行 SF_6 气体分解物检测。应用 SF_6 电气设备内部故障绝缘气体现场快速诊断技术，发现并检测出的上百起带电检测故障实例来看，充分证明了应用分解物诊断 SF_6 电气设备内部故障的必要性和有效性。经大量的现场试验和故障实例验证，我们建议综合应用多种带电检测手段（SF_6 分解物现场快速的比色管检测法、局部放电检查、红外线测温成像等），相互验证 SF_6 电气设备的内部故障原因。特别引起注意的是在 SF_6 气体质量监测中，必须同时检测 SF_6 气体和固体绝缘材料的分解产物，便能更有效地诊断设备内部的故障，不断提高故障分析水平，使电网更安全地运行。

案例 3-9 110kV GIS 母线气室气体湿度偏高

1. 情况说明

2021 年 5 月 25 日，使用便携式返回式 SF$_6$ 综合分析仪对某变电站 110kV GIS 母线气室内 SF$_6$ 气体开展带电检测，发现该气室存在气体湿度超出注意值，且存在一定含量 CO 的情况。

2. 检测过程

（1）检测仪器及装置

本次现场检测所用到的仪器为便携式返回式 SF$_6$ 综合分析仪和配套接头箱，如图 3-9-1 所示，该仪器可开展 SF$_6$ 气体湿度、纯度、分解物检测。取样完成检测后，仪器自动将取样气体进行气室回充，既不影响气室内气体压力，也无须额外回收气体。

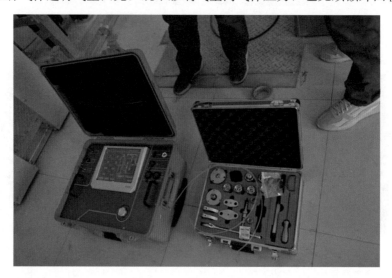

图 3-9-1 便携式返回式 SF$_6$ 综合分析仪和配套接头箱

（2）检测数据

对该气室 SF$_6$ 气体湿度、纯度、分解物检测。首先，根据现场 GIS 气体取样点接头情况，选用合适的开关接头，并与仪器测量管路进行连接。经过 8min 左右的测量，得到湿度、纯度、分解物数据，如图 3-9-2 所示。由图可见，该气室气体气样温度为 −30.17℃，折算成湿度为××μL/L，超出相关标准规定的注意值 500μL/L；气体中 CO 含量为 5.1μL/L，需结合其他数据指标进行进一步分析。完成检测后，仪器通过自动回充功能将取样气体从暂存罐充回 GIS 母线气室内。

3. 综合分析

通过对 110kV GIS 设备母线气室开展 SF$_6$ 气体带电检测，发现气室内气体湿度超出注意值，且存在一定量的 CO 分解物。SF$_6$ 气体湿度过高会危及电气设备安全运行，一是由于 SF$_6$ 气体在电弧作用下产生的分解物遇水会发生一系列水解化学反应，生成具有强腐蚀性的 HF 和 H$_2$SO$_3$ 等酸性物质，而此类物质会腐蚀设备绝缘件；二是在温度降低

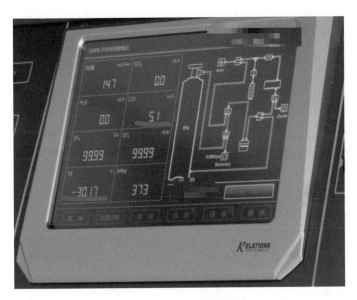

图 3-9-2 SF₆ 气体检测结果

时，气体中的水分可能形成凝露水，使绝缘件表面绝缘强度显著降低甚至出现放电等高危现象。因此，需及时对该母线气室气体进行维护。

4. 验证情况

5. 案例总结

该案例是采用一种新型的便携式返回式的 SF₆ 气体综合分析法技术对 GIS 设备开展气体带电检测，并完成取样气体回充，主要检测了气室内 SF₆ 气体的湿度、纯度、分解物（硫化氢、二氧化硫、一氧化碳）。本次带电检测，准确发现了母线气室内气体湿度超注意值且存在一定量 CO 的情况，且实现了取样气体的无干扰回充。

案例 3-10　220kV GIS 伸缩节漏气

1. 情况说明

2015 年 5 月 22 日，带电检测发现某 500kV 变电站 220kV GIS 某间隔 A 相电流互感器与隔离开关之间伸缩节的东侧法兰下部存在漏气现象。密度继电器读数为 0.40MPa，与额定值相同，尚属正常范围。采用便携式定性气体检漏仪、SF_6 红外定量检漏仪进行了现场检漏，确认存在漏点，且漏气量较大。经查阅相关资料，该气室曾多次补过气。5 月 25 日，我们对该伸缩节进行了停电处理，处理后气体检漏结果正常。该 GIS 为 ZF9-252 系列组合电器，于 2009 年出厂，2010 年投入运行。

2. 检测过程

（1）检测仪器及装置

SF_6 气体红外检漏仪、SF_6 气体便携式定性检漏仪、SF_6 电气设备气体综合检测仪。

（2）SF_6 气体泄漏红外线热像检测

检测日期：2015 年 5 月 22 日，温度：28.6℃，湿度：44.1%，风速：3.6m/s，天气情况：多云。

首先，采用便携式定性检漏仪进行检漏，发现在 220kV GIS 某间隔 A 相电流互感器与隔离开关之间伸缩节附近，检漏仪蜂鸣明显异常。进而开展 SF_6 气体泄漏红外线热像检测，结果如图 3-10-1、图 3-10-2 所示。由图可见，220kV GIS 某间隔 A 相电流互感器与隔离开关之间伸缩节的东侧法兰下部存在 SF_6 气体泄漏点。

图 3-10-1　泄漏处可见光照片　　　　　图 3-10-2　泄漏处红外照片

其次，采用包扎法进行漏点确认。将该伸缩节进行包扎，24h 后包扎处泄漏气体明显，现场检测情况如图 3-10-3 所示。

3. 综合分析

经分析认为，导致 GIS 设备伸缩节法兰泄漏的主要原因可能有以下几点：

（1）可能是由于法兰面两侧的罐体中心不在同一直线上，在密封结合面产生较大扭矩，导致密封面密闭不良而泄漏；或者是密封面光洁度不良或密封垫有贯穿性划痕等造成漏气；亦或是密封垫无法压紧法兰面或密封垫发生位移造成漏气。

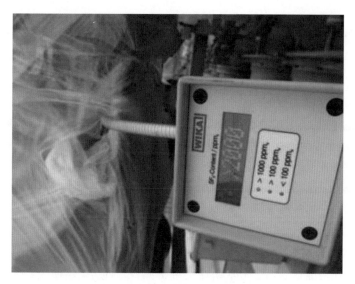

图 3-10-3　包扎法检漏现场检测情况

（2）可能是法兰面密封胶老化，灰尘及雨水进入到设备压接密封处造成锈蚀，从而引起密封垫压缩量不足，无法起到应有的密封作用，进而引起设备漏气。

4. 验证情况

5 月 25 日，对该伸缩节进行了停电处理。经解体检查发现，伸缩节东侧法兰面密封垫有明显划痕，如图 3-10-4 所示。判断漏气原因可能是 GIS 在现场安装过程中，由于没有严格执行作业指导书相关工艺要求，操作方法不当导致密封垫存在划痕，无法压紧法兰面造成设备漏气。更换密封垫后，再次采用包扎法进行检漏，检测结果正常。

(a) 密封垫　　　　　　　　　　　　(b) 划痕

图 3-10-4　解体检查发现密封垫存在划痕

5. 案例总结

对新入网 GIS 设备，安装验收时应开展现场 SF_6 气体泄漏红外线热像检测，确保设备安装调试质量，杜绝带有质量隐患的设备投入运行。对运行中的 GIS 设备，要加强巡视，定期读取密度继电器读数，开展红外线检漏。如遇气体泄漏缺陷，应及时上报处理。

案例 3-11　500kV 变电站 220kV GIS 轻微漏气

1. 情况说明

2015 年 5 月 22 日，对某 500kV 变电站 220kV ZF9-252 型 GIS 进行 SF_6 气体泄漏红外线热像检测过程中，发现济♯2 主变压器中压侧 A 相避雷器气室 SF_6 密度继电器气体管路与罐体之间的法兰连接处存在轻微漏气现象。采用便携式定性气体检漏仪、SF_6 红外定量检漏仪再次进行了详细检漏，确认该漏点存在，但漏气程度轻微，属于一般缺陷。经查阅相关资料，该避雷器气室于 2014 年 5 月 18 日进行过补气。该 GIS 设备于 2009 年出厂，2010 年投入运行。

2. 检测过程

（1）检测仪器及装置

SF_6 气体红外检漏仪、SF_6 气体红外定量检漏仪、SF_6 气体便携式定性检漏仪、SF_6 电气设备气体综合检测仪。

（2）检测数据

① SF_6 气体泄漏红外线热像检测

2015 年 5 月 22 日，对某 500kV 变电站 220kV GIS 开展 SF_6 气体泄漏检测，检测时天气多云、温度 28.1℃、湿度 46.3％ 、风速 3.6m/s。首先，采用便携式定性检漏仪进行检漏，发现济♯2 主变压器中压侧 A 相济 222 避雷器气室 SF_6 密度继电器气体管路附近蜂鸣明显异常，图 3-11-1 为现场检测图。其次，采用红外气体检漏成像仪进行检漏，发现 SF_6 密度继电器气体管路与罐体之间的法兰连接处存在轻微漏气现象。图 3-11-2 为现场检测图，漏气部位如图 3-11-3 所示，泄漏处红外线热像图如图 3-11-4 所示。

② SF_6 气体检测

发现济 222 避雷器 A 相气室存在气体泄漏点后，为防止水汽、杂质等进入气室，特进行了 SF_6 气体微水、分解物检测，检测结果见表 3-11-1，结果合格。

图 3-11-1　现场检漏 1

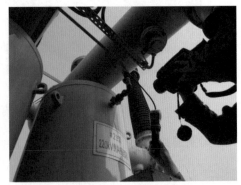
图 3-11-2　现场检漏 2

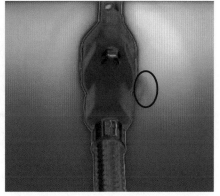

图 3-11-3　泄漏处可见光照片　　　　图 3-11-4　泄漏处红外线热像图

表 3-11-1　济 222 避雷器 A 相气室 SF$_6$ 气体检测结果

测试气室	湿度（20℃）（μL/L）	SO$_2$（μL/L）	H$_2$S（μL/L）	CO（μL/L）	HF（μL/L）
避雷器 A 相气室	127.9	0.0	0.0	0.0	0.0

检测仪器：厦门加华 JH5000D-4 型 SF$_6$ 电气设备气体综合检测仪；环境温度：30℃；湿度：35％。

3. 综合分析

2015 年 5 月 22 日发现＃2 主变压器 220kV 侧 A 相避雷器气室存在泄漏点后，查看该气室 SF$_6$ 气体密度继电器数值为 0.42MPa，略高于额定值 0.40MPa，尚满足运行要求。经查阅资料，该避雷器气室于 2014 年 5 月 18 日进行过一次补气，至 2015 年 5 月 22 日未出现 SF$_6$ 气体压力低报警情况。由此分析认为，该漏点漏气痕量短期内对设备运行影响不大，为一般缺陷。该部位发生气体泄漏的可能原因主要有以下几点：

（1）在装配过程中，法兰连接处上下对接时存在误差，密封不严密；

（2）在装配过程中，法兰连接处两侧螺丝受力不均，产生缝隙；

（3）内部密封垫老化，造成密封性能下降；

（4）法兰下处大螺帽未紧固造成漏气。

4. 验证情况

经分析认为，该气体泄漏点泄漏程度较轻，短期内采用加强监测、定期补气等手段即可保障设备正常运行，因此未对设备开展停电检修。

5. 案例总结

（1）采用红外检漏仪进行检漏时，若设备漏气量较少，检漏时仪器需距漏点约 1m 且采用高灵敏度模式方能看到漏气图像，否则可能导致检测不到漏点；

（2）风速对微量漏气检测有较大影响，检测时应尽量在无风或微风情况下进行。对于痕量漏气，检测角度至关重要，应尽量顺着风向进行检测，则较易捕捉到泄漏气体。

第四章 避雷器带电检测案例分析

案例 4-1 红外检测 500kV 避雷器上下节装反发热

1. 情况说明

某 500kV 氧化锌避雷器投入运行后，红外线热像检测发现 C 相上节温度偏高，按照《带电设备红外诊断技术应用导则》判断出存在异常。该避雷器送电前交接试验数据合格。确定异常后，采取停电，并对该避雷器进行直流参考电压及 75% 参考电压下泄漏电流试验，试验合格后，检查避雷器每节序号，发现该避雷器上下节装反。避雷器内部有均压措施，上下节装反后，均压措施失效，上节分压过高，造成发热。重新组装后，避雷器恢复正常。

2. 检测过程

（1）检测仪器及装置

红外线热像仪：瑞典 Agema、PM595。

（2）检测方法及步骤

2004 年 11 月，试验人员在对某 500kV 变电站进行一次设备红外测温时，发现 #2 主变压器 500kV 侧 C 相避雷器上节温度比中、下节高 1~2℃。图 4-1-1 为故障相避雷器的红外线谱图和温度分布曲线图，图 4-1-2 为正常相避雷器的红外线谱图和温度分布曲线图，从以下两张红外线图片看，故障相避雷器和正常相避雷器有着较明显的区别。

3. 综合分析

根据《带电设备红外诊断技术应用导则》中的规定，金属氧化锌避雷器的相间温差大于 0.5~1K 时，局部有明显发热者属异常现象。经停电检查，预防性试验项目均合格，进一步检查铭牌编号，发现 C 相避雷器从上到下三节编号为 3、2、1，而其他两相从上到下编号均为 1、2、3，经过与厂家联系，确认 C 相避雷器上下节安装颠倒。

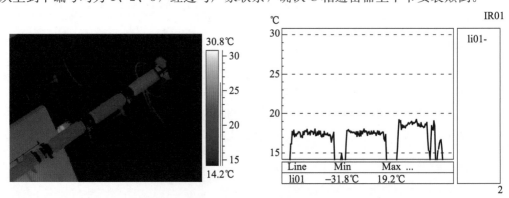

图 4-1-1 #2 主变 500kV 侧 MOA C 相红外线谱图和温度分布曲线图

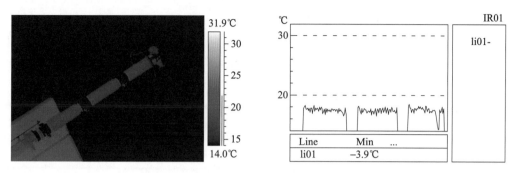

图 4-1-2　2♯主变压器 500kV 侧 MOA A 相红外线谱图和温度分布曲线图

500kV 避雷器由三节组成，高度的影响非常显著，设计过程中就必须考虑增加均压的措施。为了使每一节在运行时的电压分布均匀，除了在上节顶部安装均压环之外，厂家在上节和中节上分别并联了 2 组和 1 组较大数值的电容器。

上节与下节装反后，最大的电压梯度仍处于高压端的第一节，且由于并联电容的影响，使电压分布更不均压，使高压端第一节的电压梯度更大，从而使上节的温升明显升高，由于此站投入运行时间短，也没有发生避雷器动作的情况，无法通过传统的预防性试验及时发现此缺陷，而通过红外线测温就可以准确及时地发现。

避雷器上下节装反会使其原有的均压措施失效，并导致电压分布更不均压，长期运行会缩短避雷器寿命。虽然正常电压运行中只表现出上节发热，但遇到雷击需要避雷器正常动作时可能就会出现问题。

4. 验证情况

利用停电检修机会将上下节避雷器更换过来，经重新安装，消除了这一重大缺陷。图 4-1-3 为消除缺陷后重新投入运行 24h 的红外线谱图。由图可见，三节避雷器各节的温差在规定的范围内，处于正常运行状态。

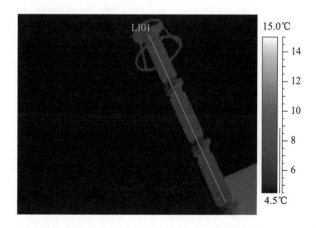

图 4-1-3　消除缺陷重新送电后 2♯主变压器 500kV 侧 MOA C 相红外线谱图

5. 案例总结

（1）500kV 金属氧化锌避雷器采取了均压措施，上、中、下节的安装顺序必须符合说明书的要求，不能装反，这将直接影响到避雷器的每一节在正常运行电压下的电压分布是否均压，从而影响避雷器的使用寿命；

（2）红外线热像诊断技术能够准确有效地发现此类缺陷，清楚显示缺陷的热分布场、缺陷部位等，高效安全而且不需要停电。这充分体现了该技术与传统的预防性试验相结合的优越性。

案例 4-2　红外检测 220kV 复合绝缘避雷器内部受潮

1. 情况说明

对某 500kV 变电站红外线热像检测时，发现一组 220kV 避雷器有两相上节温度偏高。在当天进行的避雷器阻性电流带电测试中，也发现该 B、C 相的阻性电流数据和正常相 A 有差别。综合判断该组避雷器 B、C 相上节有劣化现象。返厂后进行检查，发现两节避雷器在金属法兰与硅橡胶伞裙黏合处均出现了一条裂纹。该线路曾在冬季备用时出现过引线将避雷器拉斜的现象。

2. 检测过程

（1）检测仪器及装置

红外线热像仪：瑞典 Agema、PM595。

（2）检测方法及步骤

2006 年 7 月 13 日（星期四）20 点，工作人员在例行红外线测温工作中发现 220kV 蓄泰Ⅱ线避雷器 B、C 相上节热像异常。在当天进行的避雷器阻性电流带电测试中，也发现该 B、C 相的阻性电流数据和正常相 A 有差别。避雷器红外线热像检测图像如图 4-2-1 所示，其中最右侧为 220kV 蓄泰Ⅱ线 A 相避雷器，向左依次分别为 B 相、C 相。

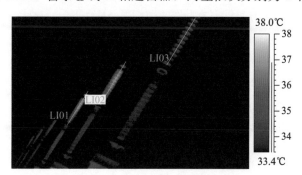

图 4-2-1　避雷器红外线热像图

三相避雷器上节温度曲线分布：黑色 C 相，红色 B 相，蓝色 A 相（图 4-2-2）。

C 相最高温度（L101）	36.7℃	B 相最高温度（L102）	37℃	A 相最高温度（L103）	34.6℃

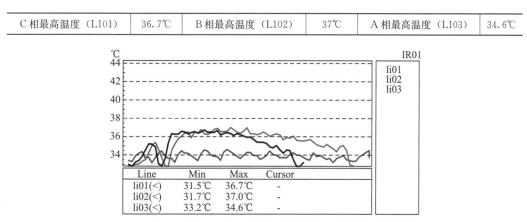

图 4-2-2　温度分布曲线

3. 综合分析

对该组避雷器测温发现 B、C 相上节有明显发热现象，相间温差为 2.4℃，根据 DL/T 664《带电设备红外诊断技术应用导则》的说明，220kV 金属氧化物避雷器允许的相间温差为 0.5℃，此组避雷器相间温差已明显超标。为了进一步分析，对该避雷器进行了阻性电流带电测试，发现 B、C 相的阻性电流数据和正常相 A 有差别，数据如下：

相别	A	B	C
I_r（阻性电流 mA）	0.082	0.125	0.138

各种检测结果表明该组避雷器 B、C 相上节有劣化现象，初步判断为外绝缘受损，内部受潮。

4. 验证情况

确认该避雷器内部存在故障后，对 B、C 相避雷器进行了更换，消除了该缺陷。重新投入运行后，避雷器热像正常。旧避雷器返厂后进行了密封检查，发现两节避雷器在金属法兰与硅橡胶伞裙黏合处均出现了一条裂纹。由于该线路在安装时是在夏季，引线裕度不够。建成后在半年多的时间内一直备用，冬季导线收缩将避雷器整体拉斜后才对引线进行了处理。分析认为避雷器在导线拉力下，法兰处受力过大导致出现裂纹，从而使得避雷器受潮。

5. 案例总结

（1）由于复合绝缘避雷器外形纤细，内部空间小，阀片受潮、劣化后阻性电流增大，有功损耗增大，发出的热量可以很直观地用红外线仪器检测到。

（2）避雷器的带电检测手段中除了红外线测温，还有阻性电流检测。发现避雷器问题时可以综合运用这两种带电检测方法判断避雷器的运行状态。

案例 4-3　红外线热像检测 500kV 避雷器内部受潮

1. 情况说明

某 500kV 变电站 500kVⅡ母线避雷器型号 Y20W-420/1020W 于 2004 年 5 月投入运行。2013 年 5 月 21 日，电气试验班工作人员按计划进行带电检测工作。晚上进行精确红外线测温工作时，发现 500kV♯2 母线避雷器 B 相热像异常，最高温度较其他两相温度高出 5K 左右，且 B 相上中下三节温度分布异常，检查其在线泄漏电流检测仪发现全电流增大为正常相的 2 倍。当晚 22 时 30 分，再次进行红外线测温，三相同一部位温差 4～5K，用钳形电流表测试全电流 A 相 2.5mA、B 相 4.1mA、C 相 2.3mA。

根据《带电设备红外诊断应用规范》中的规定，氧化锌避雷器温差大于 1K 定为严重及以上缺陷，应申请停电。经检查，确认该避雷器内部受潮严重，更换新设备后投入运行。

2. 检测过程

Ⅱ母线避雷器在进行红外线热成像检测时，发现 B 相避雷器整体发热，三相同一部位温差 4～5K，并对Ⅱ母线避雷器进行了精确测温，选择成像的角度、色度，拍下了清晰的图谱，如图 4-3-1 所示，并将此情况上报运检部。

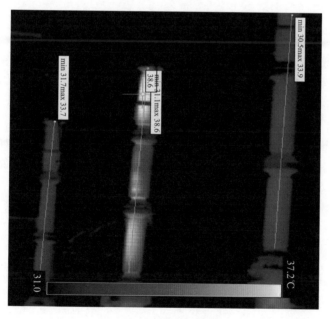

图 4-3-1　Ⅱ母线避雷器

具体数据见表 4-3-1。

表 4-3-1　避雷器红外线热像检测温度

相别	温度（℃）
B 相	38.6
A 相	33.2
C 相	33

3. 综合分析

现场测试人员分析认为,该相避雷器全电流增大 100%,发热严重,且温度分布异常,根据《输变电设备状态检修试验规程》和《带电设备红外诊断应用规范》,可以判断为危急缺陷,随时有发展为事故的可能。

4. 验证情况

停电后进行诊断试验,B 相避雷器中节绝缘下降严重,绝缘电阻接近 $0k\Omega$,上下两节直流参考电压和泄漏电流变化量也超出状态检修规程警示值要求,由此可以判断内部存在故障。若继续运行则极有可能导致该设备击穿引起母线跳闸,甚至发生设备爆炸的严重后果。

该避雷器法兰处的防爆导流罩为盆式结构,在检查过程中发现中节下部导流罩与上部导流罩装反,使得下部导流罩没有了渗水孔,从而导致在雨雪天气积水,特别是冬季结冰后容易损伤防爆膜。另外,该避雷器在之前 3 月 6 日进行泄漏电流带电检测,4 月 18 日进行停电例行试验,5 月 6 日进行红外线测温时,均未发现异常。从历史测试记录来看,应为近期突发缺陷。怀疑因内部防爆膜损坏,雨水渗入使避雷器受潮所致。

当晚 24 时 500kV♯2 母线停运,并于 22 日晚 24 时前完成了 500kV♯2 母线三相避雷器的更换工作。更换完成后进行了泄漏电流复测,测量数据合格,且红外线热成像检测中红外图谱正常。

5. 案例总结

该案例充分说明,红外线热成像检测技术能够有效地发现设备过热缺陷。

(1)对于电流致热型设备,通过红外线热像检测可以直观地发现设备热像异常,如导线与金具之间接触面严重锈蚀、氧化、接触不良等故障,进而在设备检修过程中对异常设备进行针对性处理。

(2)对于电压致热型设备,可以发现电气设备内部严重的潜伏性故障,比如避雷器进水受潮、电流互感器电容屏层间局部广泛性放电、电压互感器电容层损坏等故障,为及时发现设备故障并处理提供依据。

(3)河南省南阳金冠电气有限公司生产的避雷器在运行中已经多次出现渗水孔在出厂或安装过程中被装反的情况,厂家应采取措施,避免此类问题的再次发生。

以上对设备检修工艺和质量提出了更高的要求,为保证检修质量,全面考虑不留死角,而且在设备检修过程中对接头的处理将更具针对性,避免日后出现过热现象。

案例 4-4　500kV 昆仑站昆车线避雷器内部受潮检测案例

1. 情况说明

某 500kV 变电站 220kV 昆车线避雷器设备为南阳金冠电气有限公司生产，型号 Y10W-204/532W，外绝缘为瓷质绝缘，2008 年 7 月生产，2009 年 4 月 29 日投入运行。2014 年 4 月 29 日，进行例行避雷器带电检测工作时，发现 220kV 昆车线避雷器 B 相电流电压相位角 Φ 偏小（测试值为 78°，正常测试值范围应在 84°～88°），阻性电流分量 I_r 数值为正常数值的 3 倍左右（阻性分量测试值为 0.117mA，正常数值应为 0.04mA 左右），有功功率 P_1 也呈现明显增大趋势。29 日夜晚，检修人员使用红外线测温仪进行精确测温，发现该避雷器上节局部温差高达 8℃。根据带电检测数据及红外线测温图谱分析，判断该节避雷器内部受潮、绝缘老化发生故障，应申请立即停电处理。4 月 30 日停电后对问题避雷器进行更换，并对其进行诊断性试验，确认该避雷器内部确实存在受潮问题，由于发现及时，避免了避雷器因劣化发生爆裂的重大事故。

2. 检测过程

（1）阻性电流带电检测试验

结合历年测试数据分析（表 4-4-1），本次测试中 B 相避雷器 I_r、I_{rp}、I_{rlp} 等几个特征数据增长幅度较大，均呈现倍数级以上增长幅值，而 φ 角呈现明显下降趋势，低于 80°，与同间隔其他相测试数据相比也存在较大差值，判断避雷器内部存在受潮故障（图 4-4-1）。

表 4-4-1　昆车线避雷器在线检测数据及其历时测试数据汇总表

相别	φ°	I_x（mA）	I_r（mA）	I_{xp}（mA）	I_{rp}（mA）	I_{rlp}（mA）	I_{r3p}（mA）	P_1（W）	测试时间
A	85.76	0.579	0.043	0.814	0.064	0.060	0.007	5.718	2014.04.29 复测数据
B	78.05	0.566	0.117	0.792	0.171	0.165	0.007	15.69	
C	85.92	0.566	0.041	0.818	0.074	0.056	0.007	5.392	
A	85.08	0.584	0.051	0.816	0.078	0.070	0.007	6.719	2014.04.29
B	77.59	0.543	0.116	0.755	0.172	0.165	0.007	15.70	
C	85.54	0.568	0.045	0.818	0.080	0.062	0.007	5.930	
A	87.22	0.555	0.027	0.775	0.049	0.038	0.007	3.586	2013.11.14
B	84.81	0.492	0.044	0.689	0.071	0.062	0.006	5.926	
C	87.36	0.542	0.025	0.753	0.043	0.035	0.007	3.329	
A	88.43	0.538	0.016	0.758	0.029	0.020	0.007	1.834	2013.03.14
B	86.49	0.473	0.029	0.668	0.048	0.040	0.007	3.813	
C	88.17	0.526	0.017	0.743	0.030	0.023	0.005	2.210	
A	86.74	0.563	0..32	0.794	0.057	0.045	0.007	4.257	2012.10.26
B	84.03	0.502	0.052	0.707	0.081	0.073	0.006	6.977	
C	86.83	0.548	0.030	0.760	0.051	0.042	0.006	4.038	

相别	φ°	I_x (mA)	I_r (mA)	I_{xp} (mA)	I_{rp} (mA)	I_{r1p} (mA)	I_{r3p} (mA)	P_1 (W)	测试时间
A	86.93	0.418	0.039	0.561	0.087	0.031	0.041	2.963	
B	86.03	0.477	0.033	0.666	0.055	0.046	0.008	4.403	2012.03.31
C	88.24	0.532	0.017	0.732	0.032	0.023	0.005	2.174	
A	87.64	0.550	0.025	0.789	0.052	0.031	0.008	2.999	
B	85.66	0.485	0.037	0.696	0.056	0.051	0.006	4.889	2011.10.24
C	87.84	0.537	0.021	0.757	0.041	0.028	0.006	2.696	
A	85.81	0.586	0.043	0.816	0.065	0.060	0.007	5.652	
B	86.31	0.490	0.031	0.692	0.051	0.044	0.006	4.176	2011.04.07
C	85.94	0.538	0.038	0.763	0.067	0.053	0.006	5.051	

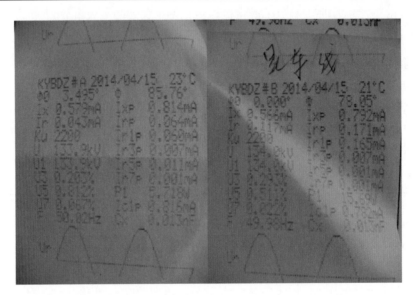

图 4-4-1　昆车线避雷器问题相与正常相在线检测数据对比图

（2）红外线热像检测

29 日晚（温度 11℃，湿度 50%），试验人员对昆车线避雷器进行红外线测温发现，昆车线避雷器 B 相上节上数第一个瓷裙部位局部发热，最高处达 19℃，比其他相同部位高约 8℃；上节中间法兰上方约 1/3 位置处出现局部发热，局部温差高达 8℃。根据 DL/T 664—2008《带电设备红外线诊断应用规范》分析此红外线测温图谱，进一步确定该避雷器内部阀片受潮。

3. 综合分析

4 月 30 日经省调批准，对昆车线间隔进行停电处理，将问题避雷器进行更换，对其进行诊断性试验。测试数据见表 4-4-2。

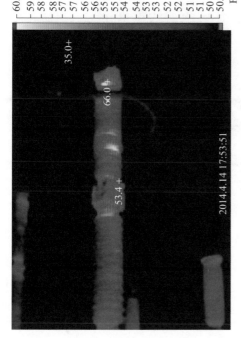

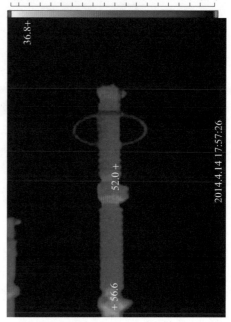

图 4-4-2　昆车线避雷器问题相与正常相红外线测温图谱照片对比图

表 4-4-2　昆车线 B 相避雷器诊断性数据汇总表

诊断性试验项目	诊断性试验数据	状态检修试验规程规定的注意值	数据分析结论
U_{1mA}参考电压与 $0.75U_{1mA}$下泄漏电流	$U_{1mA}=134.2kV$	U_{1mA}初值差不超过 $\pm5\%$ 且不低于 GB 11032 规定值	测试数据与正常相数据相比明显超标，且接近状态检修试验规程中规定的注意值，呈现劣化（受潮）趋势
	$0.75U_{1mA}$ 下泄漏电流 $=45.1\mu A$	$0.75U_{1mA}$ 下的泄漏电流初值差 $\leqslant 30\%$ 或 $\leqslant 50\mu A$（注意值）	

4. 验证情况

　　检修人员对更换下的昆车线避雷器进行解体检查，发现问题避雷器设备上端氧化锌阀片间有水雾存在，从而证实了检修人员之前的推断，昆车线避雷器 B 相上节因劣化等原因导致内部受潮，继而产生内部发热、检测数据超标等现象，如未及时发现此相避雷器内部受潮缺陷，将对山东电网主网架的稳定运行造成极大安全隐患。（图 4-4-3）

5. 案例总结

　　（1）避雷器在长时间处于运行状态下，易受外界自然环节或机械振动等因素影响从而产生劣化（受潮）故障，如不及时发现，将对电网安全稳定运行造成极大威胁。在现阶段状态检修的背景之下，严格按照检修周期对设备进行及时预试的同时，更应注意加强对运行避雷器的在线检测工作。历史经验已证明，避雷器在线检测可以有效地提早发

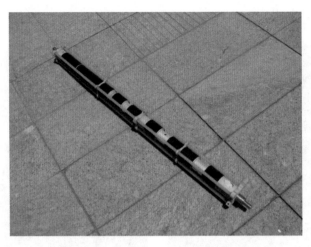

图 4-4-3　解体后的昆车线避雷器内部阀片构造图

现避雷器劣化（受潮）等故障。因此，应按照状态检修规程中的规定，严格执行每年 2 次（雷雨季节前后）的避雷器在线检测工作。如发现某类避雷器出线劣化（受潮）倾向，可根据实际情况酌情缩短避雷器在线检测工作的周期，加强对问题避雷器的在线检测工作。

（2）当避雷器发生劣化（受潮）等故障时，采用红外线测温手段进行故障排查也是有效手段。通过对避雷器红外线测温图谱进行软件分析，查找出温度过高部的具体部位，有助于判断避雷器设备内部是否含有劣化（受潮）等隐蔽性缺陷。

（3）当避雷器劣化（受潮）缺陷趋于严重时，其下端的避雷器泄漏电流表的读数将缓慢增大时，因此建议加强运行人员巡视避雷针泄漏电流表的工作力度，加强数据监测，一旦发现避雷器下端泄漏电流表数值突然增大时，应及时向上级部门汇报，安排检修人员进行故障定性检测。

第五章　开关柜/环网柜带电检测案例分析

案例 5-1　10kV 开关柜特高频局部放电信号异常

1. 情况说明

某 220kV 变电站 10kV 开关柜例行带电检测中发现 9204 开关柜存在异常特高频局部放电信号。开展了暂态地电压局部放电检测、超声波局部放电检测，与异常信号比对，未发现异常局部放电特征；利用特高频 PRPS 图谱与 PRPD 图谱特征，分析放电缺陷类型为绝缘类放电；通过时差定位法对异常开关柜内缺陷位置进行定位，确认局部放电信号来源于开关柜后中部。解体检查发现开关柜内电缆头热缩护套开裂。热缩套重新包好电缆头后投入运行，开展带电检测，未发现异常信号。

2. 检测过程

（1）异常放电检测

采用 PDS-T90 局部放电测试仪对 9204 开关柜进行特高频局部放电检测，在 9204 开关柜后下部检测到异常特高频局部放电信号，相应的背景检测图谱与异常开关柜不同测点检测图谱如图 5-1-1 所示。

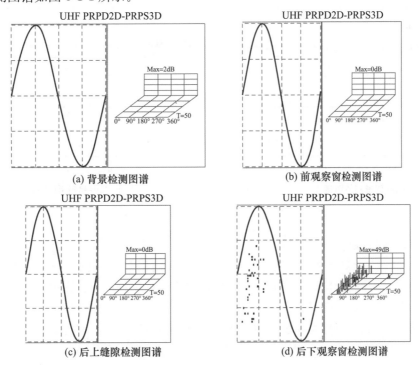

图 5-1-1　特高频局部放电检测图谱

对异常 9204 开关柜进行暂态地电压局部放电检测比对，检测位置分别在开关柜的前中、前下、后上、后中、后下，各检测部位暂态地电压局部放电幅值同背景检测结果差值小于 20dBmV，未发现异常暂态地电压局部放电幅值，测试结果见表 5-1-1。

表 5-1-1　暂态地电压局部放电检测结果　　　　单位：dBmV

环境背景值	空气		1	测试位置	门：5
	金属		4	测试位置	灭火器箱：7
开关柜编号	前中	前下	后上	后中	后下
9204	6	7	5	4	5

在开关柜各缝隙处进行超声波局部放电检测，测试结果与背景相差不大，未发现幅值特征、频率特征异常信号。幅值检测结果及相应的超声波连续检测图谱见表 5-1-2、图 5-1-2。

表 5-1-2　超声波局部放电检测结果　　　　单位：dBuV

测试位置	环境背景值空气		−8		
开关柜编号	前中	前下	后上	后中	后下
9204	−8	−9	−8	−8	−8

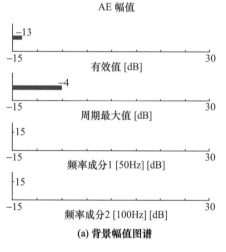
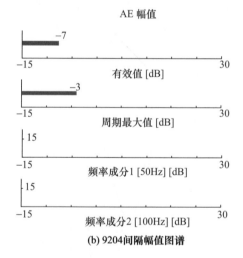

(a) 背景幅值图谱　　　　　　　　　(b) 9204间隔幅值图谱

图 5-1-2　超声波局部放电检测图谱

（2）放电故障定位

采用 PDS-1500 局部放电定位系统，对异常 9204 间隔进行缺陷定位，定位方法基于到达时间差的平分面定位法。首先进行局部放电信号来源分析，分别将蓝色标识特高频传感器与绿色标识特高频传感器置于 9204 异常间隔观察窗与外部环境中。其中蓝色传感器检测到局部放电信号，绿色传感器未检测到放电特征信号，判定局部放电信号来自开关柜内部。特高频传感器的摆放位置和示波器波形图如图 5-1-3 所示。

(a) 传感器布置图   (b) 示波器检测图谱

图 5-1-3 信号来源定位

将传感器位置分别调整至 9204 开关柜底部两侧，进行局部放电源横向定位。通过图谱比对分析得知蓝色标识传感器与绿色标识传感器局部放电检测波形起始沿基本重合，局部放电信号源位于蓝色传感器与绿色传感器中间垂直平分面上。相应的传感器布置方式与局部放电时差定位如图 5-1-4 所示。

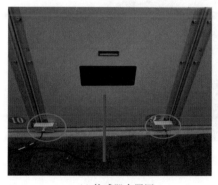
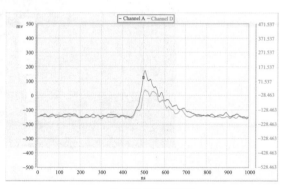

(a) 传感器布置图   (b) 示波器检测图谱

图 5-1-4 局部放电源横向定位

将传感器位置调整至 9204 开关柜观察窗口正下方进行局部放电源纵向定位。通过图谱比对分析可知蓝色标识传感器与绿色标识传感器局部放电检测波形起始沿基本重合，说明局部放电信号源位于蓝色传感器与绿色传感器中间垂直平分面上。相应的传感器布置方式与局部放电时差定位如图 5-1-5 所示。

3. 综合分析

综合上述检测数据分析，超声波局部放电检测和暂态地电压局部放电检测未发现开关柜内异常局部放电信号，特高频局部放电检测发现 9204 开关柜后部存在异常，且局部放电 PRPS 图谱呈现每周期一簇信号，幅值有大有小，脉冲数较多等特征，分析放电特征为开关柜内绝缘件放电，局部放电源位于开关柜后中部，如图 5-1-6 所示。

(a) 传感器布置图

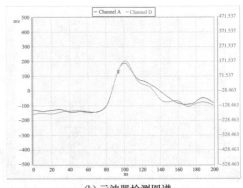
(b) 示波器检测图谱

图 5-1-5　局部放电源纵向定位

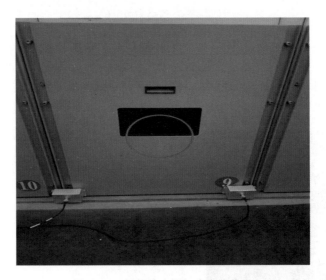

图 5-1-6　局部放电源初步定位位置

4. 验证情况

为避免开关柜在运行过程中发生突发性绝缘击穿故障，对异常 9204 开关柜进行停电检查。如图 5-1-7 所示，发现电缆投入运行时间长，A、B、C 相电缆头热缩护套在长期受热应力作用下开裂，导致绝缘不良发出局部放电信号。重新包好电缆头后设备正常投入运行，带电检测未发现异常信号。

5. 案例总结

（1）暂态地电压、超声波、特高频局部放电检测方法可以有效确定是否存在局部放电现象，利用合适的传感器放置位置和特高频局部放电图谱特征进行波形分析，可实现局部放电缺陷判断。

（2）特高频两传感器比较法可以判断信号是否来自开关柜内部，并且通过柜体外各位置的波形比较来确定缺陷的分布位置。

图 5-1-7　　9204 开关柜柜后电缆

案例 5-2　开关柜多参量局部放电检测技术

（10kV 开关柜暂态地电压数值异常）

1. 情况说明

某 10kV ♯3 高压室开关柜例行巡检过程中发现 F42 柜、F41 柜、♯3B 电容器组开关柜、♯3A 电容器组开关柜、♯3 变低隔离柜等开关柜暂态地电压局部放电检测数值异常，其中♯3变低隔离柜与♯3A 电容器组开关柜母线室连接处、F41 柜与♯3B 电容器组开关柜母线室连接处存在超声波局部放电信号。与历史测试结果比对分析，发现♯3A 电容器组开关柜、♯3B 电容器组开关柜、F41 柜的暂态地电压局部放电数值具有明显增长趋势。通过暂态地电压短时在线监测、超声波局部放电检测、特高频局部放电检测与时差定位，给出了开关柜内异常局部放电类型及相应的放电信号来源位置。最后解体检查，发现 53BC 与 F41 柜母线穿柜套管金属夹片存在放电烧蚀痕迹，在对应的母线绝缘层有黑色烧蚀痕迹。

2. 检测过程

（1）异常放电检测

采用 PDS-T90、DMS 特高频局部放电检测系统对 10kV ♯3 高压室 F41 柜等 5 个存在异常局部放电信号的开关柜开展了超声波局部放电测试及特高频局部放电检测。超声波局部放电检测时发现 2 处异常局部放电信号，其中♯3 变低隔离柜与♯3A 电容器组开关柜母线室连接处超声波局部放电值幅值达 11dBmV，中心频率在 40kHz，F41 柜与♯3B 电容器组开关柜母线室连接处超声波局部放电值幅值达 14dBmV，中心频率在 42kHz。特高频局部放电检测发现 F42 柜、F41 柜、♯3B 电容器组开关柜、♯3A 电容器组开关柜、♯3 变低隔离柜母线室存在异常信号，DMS 特高频局部放电检测图谱如图 5-2-1 所示。

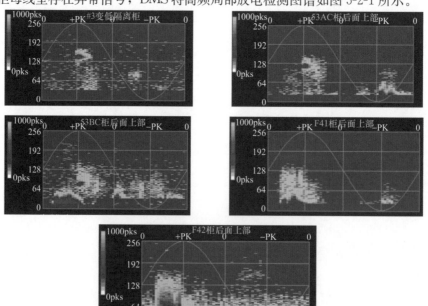

图 5-2-1　DMS UHF 带电测试 PRPD 图谱

根据超声波局部放电与特高频局部放电检测结果，分析局部放电信号来源于 F42 柜、F41 柜、♯3B 电容器组开关柜、♯3A 电容器组开关柜、♯3 变低隔离柜母线室内部。为实现开关柜内局部放电源的精确定位，采用暂态地电压局部放电重症监测系统、特高频时差法对异常开关柜进行定位监测。

（2）暂态地电压局部放电定位

采用 PDM03 型短时局部放电在线监测系统，对疑似缺陷的 5 个开关柜进行重症监护，相应的传感器布置方式如图 5-2-2 所示。

图 5-2-2　开关柜传感器布置图

图 5-2-2 中通道 1 号、2 号、11 号、12 号为测试外部干扰信号的专用天线，通道 3 号～10 号为测试开关柜内部信号用的暂态地电压局部放电传感器探头。检测发现 7 号与 8 号传感器在较多时间段接收到的脉冲数量个数相近，分析放电源来源于两个传感器之间，其中，一个放电源靠近♯3A 电容器组开关柜，另一个放电源在♯3B 开关柜与 F41 柜之间。各通道脉冲数量随时间变化趋势如图 5-2-3、图 5-2-4 所示。

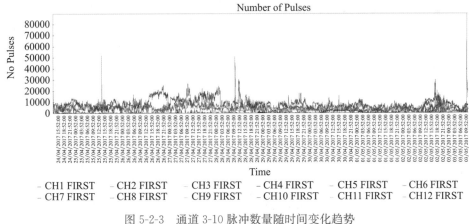

图 5-2-3　通道 3-10 脉冲数量随时间变化趋势

（3）特高频局部放电定位

采用特高频时差定位法对放电源进行准确定位，时差定位图谱如图 5-2-5 所示。开关柜后从右到左分布分别为 F42 柜、F41 柜、♯3B 电容器组开关柜、♯3A 电容器组开关柜、♯3 变低隔离柜。其中♯3 变低隔离柜与♯3A 电容器组柜相邻，放电图谱特征相

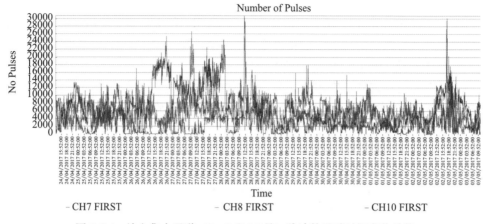

图 5-2-4　放电集中通道（7、8 和 10 号）脉冲数量随时间变化趋势

似，且幅值较接近，♯3 变低隔离柜的幅值略高，推测信号来自同一放电源，且离♯3 变低隔离柜较近；♯3B 电容器组开关柜与♯3A 电容器组、F41 柜相邻，其中 53BC 开关柜与♯3A 电容器组放电图谱特征相似度较高，但并不完全吻合，同时与 F41 柜的放电信号图谱特征也有部分吻合。因此推测♯3B 电容器组的信号为两边放电信号叠加的结果。综上分析，局部放电信号可能来源于两处不同位置，靠近♯3 变低隔离柜一处和靠近 F41 柜母线室的可能较大。

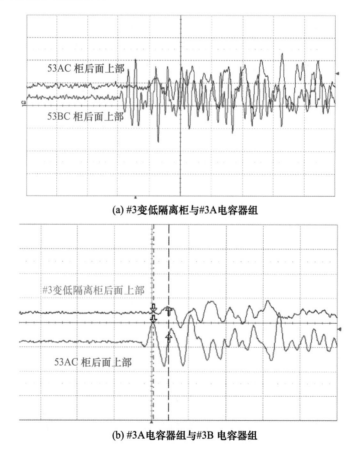

(a) #3变低隔离柜与#3A电容器组

(b) #3A电容器组与#3B 电容器组

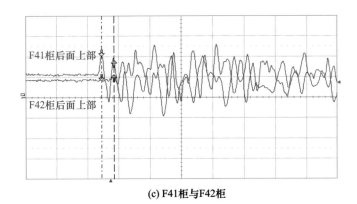

(c) F41柜与F42柜

图 5-2-5　UHF 时差法测试图谱

从图 5-2-5 中（b）的测试结果可知，放电信号先到达♯3A 电容器组后面上部观察窗位置，且超前 4.1ns，也就是说两者距放电点的位置相差 1.22m。通过现场实测两个观察窗中点间的直线距离在 1.5m，因此放电位置应在♯3A 电容器组与♯3B 电容器组之间，且靠近♯3A 电容器组。

通过声电联合测试发现：超声波存在异常的位置均可先检测到超高频信号，进一步验证了存在超声波异常位置为局部放电源来源，一处为靠近♯3A 电容器组母线室位置，一处为靠近 F41 柜位置。

3. 综合分析

通过暂态地电压短时在线监测、超声波局部放电检测、特高频局部放电检测与定位，给出了开关柜内异常局部放电信号来源位置，并依据局部放电检测图谱提出相应的检修范围及指导建议。相应的停电检查的范围为马岗站 10kV ♯3 高压室 F42 柜、F41柜、♯3B 电容器组开关柜、♯3A 电容器组开关柜、♯3 变低隔离柜母线室，重点检查的母线室内穿柜套管、母线绝缘层、母线支撑绝缘子等绝缘件，相应的局部放电缺陷类型为固体绝缘材料内部的气泡放电或气体间隙。

4. 验证情况

从♯3PT 柜位置对 3M 母线 A 相进行耐压试验，加压时暂态地电压及超声波局部放电检测数据见表 5-2-1。由此不仅可以看出异常局部放电信号存在，且此前存在超声波局部放电信号的柜体♯3 变低隔离、53AC、53BC、F41、F42 等 5 个开关柜信号依然存在，且幅值较高，其中♯3 变低隔离、53AC、F41 柜达 26dB。

表 5-2-1　对 3M 母线 A 相单独加压时开关柜局部放电数据比对　　单位：dB

开关柜名称	历史带电测试数据		相加压测试数据	
	暂态地电压	超声	暂态地电压	超声
♯3 变低隔离	35	20	35	26
♯3A 电容器组	34	20	15	26
♯3B 电容器组	35	15	21	15
F41	36	15	30	26

开关柜名称	历史带电测试数据		相加压测试数据	
	暂态地电压	超声	暂态地电压	超声
F42	33	10	30	15
F31	26	－6	26	－6
F32	24	－5	30	－5
F33	23	－5	27	－5
F34	25	－6	21	－6

为进一步确定局部放电信号源的准确位置，在加压时采用 SDMT 及示波器进行了特高频时差法定位。可测点选择在疑似缺陷的 5 个开关柜母线室观察窗位置。经查，在比对♯3A 电容器柜与♯3 变低隔离柜发现局部放电信号先到达♯3 变低隔离柜。在比对♯3B 电容器柜与 F41 柜发现信号先到达 F41 柜。相应的特高频时差定位图谱如图 5-2-6 所示。

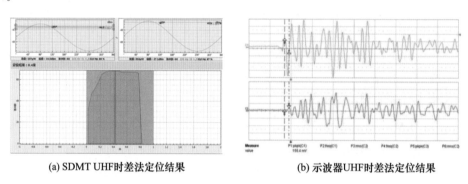

(a) SDMT UHF时差法定位结果　　　　**(b) 示波器UHF时差法定位结果**

图 5-2-6　♯3B 电容器柜与 F41 柜 UHF 时差法定位结果

对异常开关柜进行停电解体检查，发现开关柜内存在多处母线穿柜套管金属夹片对母线套管放电的痕迹。其中，53BC 与 F41 柜母线穿柜套管金属夹片存在放电烧蚀痕迹，在对应的母线绝缘层有黑色烧蚀痕迹。相应的解体检查结果如图 5-2-7 所示。

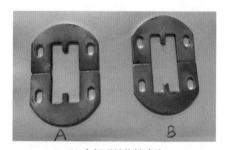

(a) 穿柜套管金属夹片　　　　　　**(b) 内部明显烧蚀痕迹**

图 5-2-7　F41 柜与♯3B 电容器柜穿柜连接处存在局部放电痕迹

5. 案例总结

（1）10kV ♯3 高压室内 17 面开关柜从投入运行开始测试的暂态地电压测试数值在 30～45dB 之间，由于金属背景长期超过 20dB，且未存在超声放电信号，一直运行至停电消缺。该高压室在处理后加压检测的暂态地电压局部放电检测金属背景值为 2dB，数值分布在 1～6dB 之间。表明投入运行时已存在缺陷，因此此前的暂态地电压数值偏大很有可能是设备的间歇性放电造成。

（2）暂态地电压短时在线监测、超声波局部放电检测、特高频局部放电检测与定位，可以确定开关柜内异常局部放电信号来源位置，依据局部放电检测图谱可提出检修范围。

案例 5-3 开关柜故障声电综合检测技术

（330kV 变电站 35kVⅠ段小室内特高频伴有局部放电信号且严重臭氧气味）

1. 情况说明

某 330kV 变电站例行带电检测过程中，发现 35kVⅠ段小室内存在异常特高频局部放电信号且伴有严重的臭氧味。其中，室内特高频局部放电信号幅值高于 55dB，室外 35kV 母线进线处特高频局部放电信号幅值小于 50dB，且离小室越远，信号越弱，由此确定局部放电信号源位于 35kV 母线小室内。解体检查发现 313 开关柜 A、B 相母排引下线处存在少量脏污和轻微受潮情况，母排引下线与穿墙套管连接绝缘处存在有电痕迹。

2. 检测过程

（1）暂态地电压局部放电检测

采用 JD-S10 局部放电检测仪对母线小室内开关柜进行暂态地电压局部放电检测，检测位置包括开关柜前中、前下、后上、后中、后下，检测结果见表 5-3-1，其中背景噪声为 12dB。从表 5-3-1 可以发现，313 开关柜暂态地电压信号幅值 29dB，314 开关柜暂态地电压信号幅值 26dB，其他开关柜信号幅值比背景噪声差值不超过 7dB。根据暂态地电压检测结果初步判断 313 开关柜处存在疑似放电点。

表 5-3-1 开关柜地电波检测结果 单位：dB

	311 开关柜	312 开关柜	313 开关柜	314 开关柜	PT 开关柜	301 开关柜
前中	18	17	23	21	18	18
前下	19	18	25	23	17	17
后上	17	18	25	23	18	17
后中	17	18	27	25	18	17
后下	18	19	29	26	19	19

（2）特高频局部放电检测

对小室内开关柜进行特高频局部放电检测，均检测到特征相同的局部放电信号，不同位置特高频检测信号图谱如图 5-3-1 所示。PRPS 图谱为标准的两簇，其中负半轴周期的一簇幅值较大，正半轴周期的一簇幅值较小；PRPD 谱图信号聚集处位于正弦波零轴的上部，且负半轴周期的要比正半轴周期的密集，表明该疑似放电源为不对称的悬浮放电缺陷。由于室内空间小，特高频局部放电信号幅值衰减较小，各开关柜柜门观察窗处测得的特高频信号在幅值上差别不明显，因此在小室内无法使用幅值法进行信号源的精确定位。

采用基于时差的平分面法进行缺陷的精准定位，相应的定位图谱如图 5-3-2 所示。发现不同位置的红色传感器和黄色传感器上的信号都具有工频相干性，且在 20ms 工频周期内具有一簇较大的信号和一簇较小的信号，二者之间相差 10ms，验证了该放电信号为不对称悬浮放电。分别从横向、纵向和轴向三个方向上进行缺陷的精确定位，最终确定疑似放电点位于 313 开关柜正中间部位。

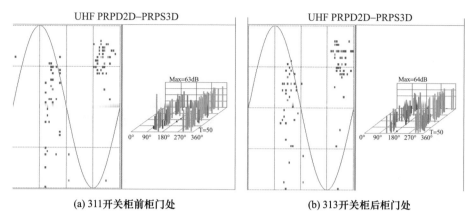

(a) 311开关柜前柜门处   (b) 313开关柜后柜门处

图 5-3-1 开关柜特高频局部放电检测

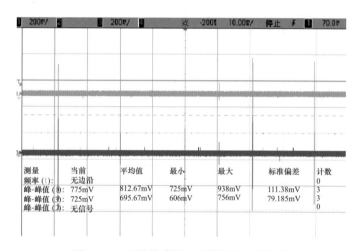

图 5-3-2 不同传感器上测得的特高频信号

（3）超声波局部放电检测

采用非接触式超声波局部放电传感器对 313 开关柜前后柜门处缝隙、开孔处进行检测，结果表明，连续检测模式下 313 开关柜处超声波信号有效值和周期最大值相比背景噪声值偏大，频率成分 1、频率成分 2 的特征明显，且频率成分 2 的值大于频率成分 1 的值。相位检测模式下，313 开关柜处超声波信号具有明显的工频相干性，一个工频周期内有明显的两簇峰，且其中一簇峰相比另一簇峰要小一些。结合超声波检测的特征图谱，可以判断出 313 开关柜处的放电类型为不对称的悬浮放电。相应的超声波局部放电检测结果如图 5-3-3 所示。

3. 综合分析

通过暂态地电压局部放电、特高频局部放电、超声波局部放电、紫外成像等声电综合检测技术的运用，确定放电点位于 313 开关柜的 A、B 相母排引下线与穿墙套管连接绝缘处，结合特高频局部放电检测结果和超声波局部放电检测结果，确定放电类型为不对称的悬浮放电。

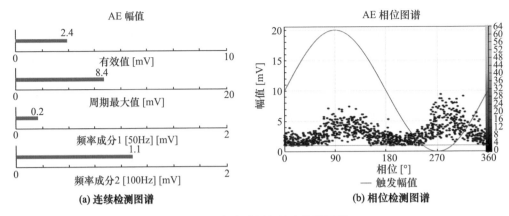

(a) 连续检测图谱　　　　　　　　　　(b) 相位检测图谱

图 5-3-3　超声波局部放电检测图谱

分析其放电原因，母排引下线在运行时带有高电压，电场分布不均匀，与绝缘处存在电位差，母排引下线同绝缘部分距离较近，由于 A、B 相母排引下线和绝缘处表面都存在脏污和受潮情况，影响了电场的分布情况，进一步加剧了电场分布的不均匀性，当它们之间电场强度强到一定程度时，就会引起母排引下线对绝缘部分进行放电。将母线引下线和穿墙套管处污秽进行清理，并采取干燥处理后，加压进行局部放电检测，异常信号消失，紫外线图像未见放电。

4. 验证情况

利用紫外线成像检测仪对 313 开关柜进行检测，313 开关柜 A、B 相母排引下线与穿墙套管连接绝缘罩处存在放电，检测结果如图 5-3-4 所示。将 35kV Ⅰ 段小室内各开关柜停电后，对 313 开关柜进行开柜检查，313 开关柜 A、B 相母排引下线处存在有少量脏污和轻微受潮情况，母排引下线与穿墙套管连接绝缘处存在有电痕迹，如图 5-3-5 中红色圆圈标注处。

图 5-3-4　313 开关柜紫外检测结果

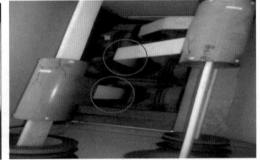

图 5-3-5　313 开关柜放电点开柜检查

5. 案例总结

（1）暂态地电压局部放电、特高频局部放电、超声波局部放电、紫外线成像等多种检测方法的声电综合检测技术能迅速、准确地发现高压开关柜内部的放电缺陷，对放电类型与放电位置进行有效判断。

（2）开关柜声电综合检测技术可以有效避免高压小室内多个局部放电信号及干扰信号对检测结果的干扰，具有较强的实际应用价值。

（3）开关柜带电检测中，紫外线成像检测法通常作为一种辅助的带电检测方法，当使用其他带电检测方法找到局部放电信号时，紫外成像仪可以直观地观察放电点的放电严重程度及放电部位。

案例 5-4　开关柜局部放电定位技术

（10kV 开关柜 PT 柜避雷器侧接头升温异常）

1. 情况说明

某 10kV ♯3 高压室开关柜例行带电检测过程中，发现 10kV ♯3PT 与避雷器侧接头发热 40℃（正常为 26℃），现场评估为紧急缺陷，需停电配合处理。10kV ♯3 母线由运行转热备用，检修试验人员到场对 ♯3 母线避雷器进行检查性试验，试验结果异常，恢复送电。送电后的开关柜在暂态地电压局部放电检测中，♯3PT 开关柜检测幅值超标。采用暂态地电压局部放电检测、特高频局部放电检测与定位方法，确定了异常放电源位于 10kV ♯3 高压室♯3PT 开关柜母线 B 相避雷器处，相应的局部放电类型为悬浮放电。通过解体检查确认了放电源位于避雷器接地螺栓引出位置，消除缺陷后进行局部放电检测，特高频局部放电信号消失。

2. 检测过程

（1）局部放电检测异常现象核查

现场采用暂态地电压局部放电检测法测得♯3PT 柜最大 32dB，相邻左右开关柜信号幅值在 10～28dB；采用特高频法测得空间及♯3PT 柜内具有偶发性相位特征的疑似信号，如图 5-4-1 所示；采用空间扫频法测得♯3M 下方附近有偶发性频率为 600MHz 以下的脉冲信号，幅值最大为 −30dBmV。随后暂态地电压局部放电检测法复测信号低于 20dB，局部放电信号消失。采用示波器接特高频局部放电传感器及暂态地电压局部放电传感器开展短时在线信号监测及定位分析，未发现持续的信号。后续复现持续性较强的局部放电信号，暂态地电压局部放电测得♯3PT 柜最大 54dB，特高频法从空间及♯3PT 柜中测得具有相位特征的信号，分析 10kV ♯3 高压室存在需要引起注意的异常信号。

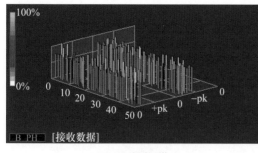

| (a) PRPS检测图谱 | (b) PRPD检测图谱 |

图 5-4-1　特高频局部放电检测图谱

（2）暂态地电压局部放电定位

采用 PDM03 局部放电检测仪对♯3 高压室♯3PT 及临近几个开关柜进行了暂态地电压局部放电测试，相应的室内开关柜布置位置、暂态地电压局部放电检测结果分别见图 5-4-2、表 5-4-1。

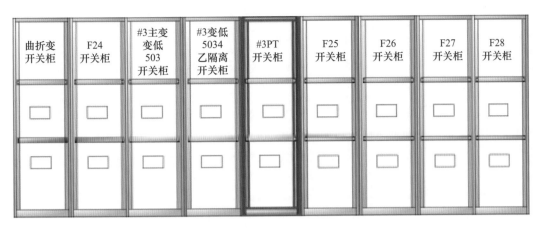

图 5-4-2　#3 高压室开关柜布置位置图

表 5-4-1　#3 高压室开关柜暂态地电压局部放电检测　　　　　单位：dB

开关柜名称	暂态地电压				空气背景	金属背景
	测试数据					
	前上	前中	前下	后下		
曲折变开关柜	28	27	25	17		
F24 开关柜	27	30	25	17		
#3 主变变低 503 开关柜	30	30	25	27		
#3 变低 5034 乙隔离开关柜	31	32	27	30		
#3PT 开关柜	38	45	56	29	0	3
F25 开关柜	32	32	32	30		
F26 开关柜	25	25	23	25		
F27 开关柜	24	23	21	16		
F28 开关柜	23	21	13	5		

分析表 5-4-1 数据，#3PT 开关柜暂态地电压局部放电信号最大，其中柜前下方最大幅值 56dB，其余临近开关柜暂态地电压检测幅值亦大于 20dB，且距离#3PT 开关柜越近的开关柜信号越大。依据表 5-4-1 暂态地电压局部放电信号变化趋势分析放电源极有可能位于#3PT 开关柜。

（3）特高频局部放电定位

特高频局部放电信号在传播过程中随着传播距离的增加信号幅值逐步衰减，对比测试信号的幅值可初步判断局部放电源传播的方向路径，比对测试信号的特征图谱可判断是否存在多个放电源。为此，采用双探头对#3PT 及邻近开关柜的不同部位进行特高频局部放电检测。相应的特高频传感器布置方式、#3PT 柜尺寸及相应的定位图谱分别如图 5-4-3～图 5-4-5 所示。

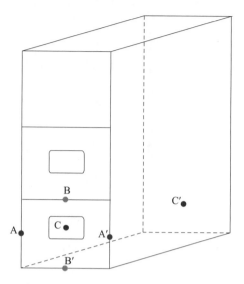

图 5-4-3　超高频时差法定位法探头位置

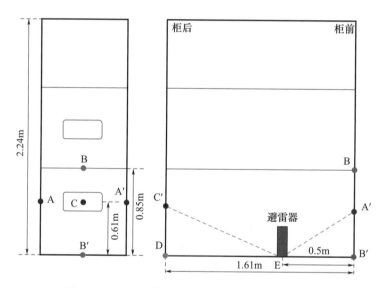

图 5-4-4　♯3PT 直视图（左图）和侧视图（右图）

为提高特高频局部放电定位的精度，采用基于时差的平分面定位法进行精准定位，相应的时差定位图谱如图 5-4-5 所示。

① 当特高频传感器探头位于 A 和 A′时，两者收到信号时间差为 0，局部放电信号源位于垂直于 A A′中点的平面内。

② 当特高频传感器探头位于 B 和 B′时，两者收到信号时间差为 1.22ns，且 B′先收到信号，说明信号源靠下。

③ 当特高频传感器探头位于 C 和 C′时，两者收到信号时间差为 2.26ns，且 C′先收到信号，说明信号源靠近柜前。

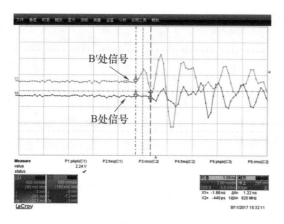

(a)探头位于B和B′时超高频定位法

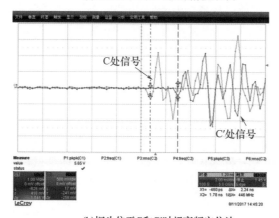

(b)探头位于C和C′时超高频定位法

图 5-4-5　特高频时差定位图谱

　　结合♯3PT 开关柜内部结构分析，在柜子前下端的位置的可疑部件为避雷器，由于信号源到 A 和 A′无时差，因此猜测为 B 相避雷器处。假设信号源位于 E 点，根据图 5-4-4中尺寸计算知 BB′与 CC′之间距离分别为 0.42m、0.49m。通过对比时差法测量得到的距离差与尺寸计算得到的距离差，确认局部放电故障位于♯3 母线 B 相避雷器处。相应的时差比对结果如表 5-4-2 所示。

表 5-4-2　时差法测量距离差与尺寸计算距离差结果对比　　　　单位：m

探头位置	时差法测量距离差	尺寸计算距离差
A 和 A′	0	0
B 和 B′	0.37	0.42
C 和 C′	0.68	0.49

（4）放电类型识别

　　为快速查找开关柜内隐患，现场对采集到的局部放电信号进行了放电类型的识别。采用 DMS 特高频局部放电带电测试仪对放电类型进行定性，特高频检测图谱如图 5-4-6所示，分析异常放电类型为悬浮放电缺陷。

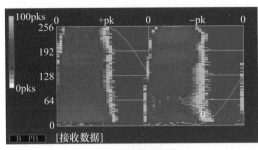 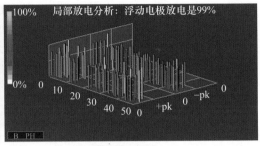

(a) PRPD检测图谱   (b) PRPS检测图谱

图 5-4-6   F21 开关柜观察窗位置测到的 PRPD 图谱

3. 综合分析

采用暂态地电压局部放电检测、特高频局部放电检测与定位方法，确定了异常放电源位于 10kV ♯3 高压室♯3PT 开关柜母线 B 相避雷器处，相应的局部放电类型为悬浮放电。通过解体检查确认了放电源位于避雷器接地螺栓引出位置，消缺后进行局部放电检测，异常特高频局部放电信号消失。

4. 验证情况

对♯3PT 柜开关室、外部空间及邻近开关柜进行了暂态地电压局部放电检测、超声波局部放电检测和特高频局部放电检测，未发现异常局部放电信号。对柜内部件进行外观检查未发现表面污秽、元件残旧破损等缺陷。综合上述测试可知：♯3PT 开关柜在停电后，之前带电状态下测得的局部放电信号消失，表明局部放电信号来源于♯3PT 开关柜室内。

采用试验变对♯3PT 开关柜内避雷器分相加压进行局部放电检测，B 相避雷器施加 1.7 倍持续运行电压时检测到严重的局部放电信号，且放电图谱与运行电压下放电图谱一致。同样工况下，A、C 相未检测到异常局部放电信号。分析 220kV 该站 10kV ♯3 母线 PT 柜 B 相避雷器存在严重的局部放电缺陷。相应的 B 相避雷器解体检查结果如图 5-4-7 所示。

(a)疑似缺陷避雷器   (b)避雷器底端电流互感器

图 5-4-7   疑似缺陷避雷器及底端 CT 图

5. 案例总结

（1）暂态地电压局部放电可有效发现开关柜内悬浮电极放电缺陷，相应的暂态地电压幅值定位法能完成开关柜局部放电信号的一次定位，不能给出开关柜内部缺陷的位置。

（2）特高频局部放电检测方法具有较强的抗电磁干扰能力，并能通过特高频局部放电检测图谱特征给出相应的缺陷放电类型。

（3）基于特高频局部放电信号时差的平分面定位法可快速完成开关柜内局部放电信号源厘米级定位，结合相应的缺陷放电类型可以给出合理的消除缺陷建议，具有较强的实际应用价值。

案例 5-5 开关柜局部放电缺陷诊断分析技术

（10kV 开关柜地电波数值异常）

1. 情况说明

某变电站 10kV ♯2 高压室开关柜例行带电检测过程中发现 F20、F21 等开关柜暂态地电压局部放电检测数值异常，其中 F21 柜存在异常超声波局部放电信号。为实现异常开关柜精准定位，利用短时在线监测、特高频局部放电检测、暂态地电压局部放电检测、超声波局部放电检测、紫外线成像检测等 5 种检测与定位方法，确认异常放电源位于 F21A 相开关柜，并通过停电检查得到确认。

2. 检测过程

（1）特高频局部放电检测

对 10kV ♯2 高压室 F21 等 7 个暂态地电压局部放电数值超注意值的开关柜开展特高频局部放电带电测试。每个开关柜后共有 4 个测试点，即 3 个观察窗和 1 个排风孔作为可测点，相应的测点位置、特高频局部放电检测图谱分别如图 5-5-1、图 5-5-2 所示。

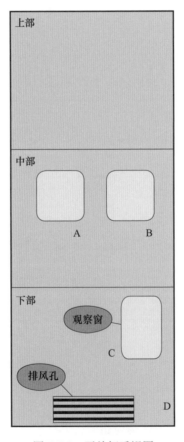

图 5-5-1 开关柜后视图

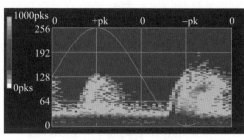
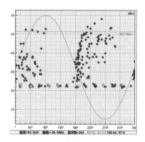

(a) DMS测点C检测图谱　　　　　　　　(b) SDMT测点C检测图谱

图 5-5-2　不同测试仪器特高频局部放电检测图谱

根据图 5-5-2 中 DMS 及 SDMT 带电测试结果，发现 10kV ♯2 高压室 28 个测量点中，共有 5 个位置检测到明显特征的局部放电信号，分别为 F21 柜 4 个可测试点及邻近 F20 柜（下部观察窗位置）。

（2）紫外线成像检测

采用 Ultra 9000 型测试仪对 F21 柜、F20 柜目标开关柜进行超声波局部放电检测，测试结果未见异常。对 F21、F20 及 F22 等邻近开关柜进行紫外线成像检测，检测结果正常。

（3）暂态地电压局部放电定位

采用 PDM03 型局部放电在线监测系统对目标柜、邻近柜进行了暂态地电压监测。巡检测试数据中 F21 柜电缆室的暂态地电压数值最大且存在放电声，现场以 F21 柜电缆室为中心，进行暂态地电压传感器测点布置。其中通道 1、2、11、12 号为测试外部干扰信号的专用天线，通道 3～10 号为测试开关柜内部信号用的暂态地电压探头，相应的测点位置如图 5-5-3 所示。

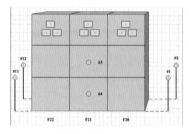
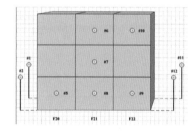

(a) 开关柜柜前传感器布设　　　　　　(b) 开关柜柜后传感器布设

图 5-5-3　暂态地电压在线监测装置传感器布设示意图

对暂态地电压在线监测数据进行分析，发现外部天线 1、2、11、12 所测得的脉冲数较探测器测得的脉冲小，表明信号源来自开关柜内部。通道 7、8、9、10 等 4 个通道检测到最大值大于 0 的最大短期局部放电值，通道 3、7、8、9、10 等 5 个通道检测到最大值大于 0.05 的周期脉冲数量值。上述结果表明 F20、F21 开关柜的异常信号来源于开关柜内部。

为确定检测到异常信号是由单源放电还是多源放电，对 PDM03 中脉冲数量进行了比对。其中，8 号传感器接收到的脉冲总数量最大，7 号和 9 号传感器与 8 号传感器相对位置接近，两个传感器接收到的脉冲总量接近。因此判断局部放电为单放电源放电，且放电源在 8 号位置附近。5 号较 9 号传感器测得数量明显减小，分析放电源位置在 F21 柜背面的下部且更靠近 F22 柜。相应的通道 7～9 脉冲数量变化趋势如图 5-5-4 所示，其中绿色通道 7、黄色通道 8、紫色通道 9。

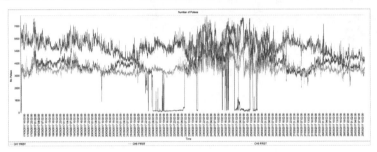

图 5-5-4　通道 7～9 脉冲数量变化趋势

根据 PDM03 局部放电测试仪暂态地电压测试结果，较强放电信号在 F21 柜背面下部靠近 F22 柜位置。为对局部放电源进行准确定位，采用英国 EA PDL01 型局局部放电定位装置开展测试。通过检测暂态地电压到两传感器的时间差，不断缩小探头的距离，进一步确定局部放电源的位置。首先，确定暂态地电压幅值信号最大的 F21 柜信号位置，以 F21 柜电缆室作为固定通道，比对其与柜后上部、中部信号到达的先后顺序。经检测，F21 柜电缆室均先检测到信号，即信号由 F21 柜电缆室产生，自下而上传导。表明异常信号来自 F21 柜电缆室。其次，排查是否为多源放电，以 F21 柜电缆室作为固定通道，比对其与 F20、F22 柜（其中 F22 柜为备用状态，电缆室不带电）电缆室信号到达先后顺序。经检测，F21 柜电缆室均先检测到信号，即信号由 F21 柜电缆室产生，向两边传导。为缩小缺陷范围，在 F21 柜电缆室进行进一步的精确定位。测试示意图如图 5-5-5 所示，受采样率限制，两传感器距离大于 0.6m 时定位结果才有效，从而以测试点 A（F21 柜电缆室观察窗位置右下角处）为圆心，在半径 0.6m 圆心范围内进行了比对测试。经测试，均为测试点 A 的暂态地电压信号先到达。结合开关柜内部结构，分析异常信号在测试点 A 附近，即 F21 开关柜电缆室 A 相附近。

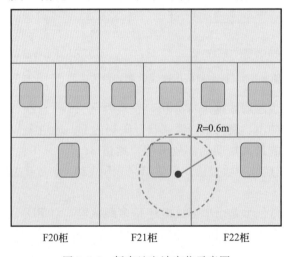

图 5-5-5　暂态地电波定位示意图

（4）特高频法局部放电定位

特高频信号在传播过程中随着传播距离增加信号幅值逐步衰减，对比测试信号的幅值可初步判断局部放电源传播的方向路径，比对测试信号的特征图谱可判断是否存在多个放电源。为此，现场利用两个特高频传感器对 F21 及邻近开关柜的不同部位进行了特高频局部放电检测。首先，相较于 F21 柜左右两边的 F20 柜和 F22 柜，在电缆室测到的特高频 PRPD 图谱幅值相对较大，放电特征明显。分析信号由 F21 柜电缆室产生，经柜体后信号明显衰减。为缩小缺陷范围，对 F21 开关柜的中部与下部电缆室进行比对，从图 5-5-6 中可以看出，下部电缆室信号明显强于中部开关室。信号来源于 F21 柜电缆室，自下往上过程中发生衰减。相应的 F21 开关柜特高频局部放电检测图谱如图 5-5-6 所示。

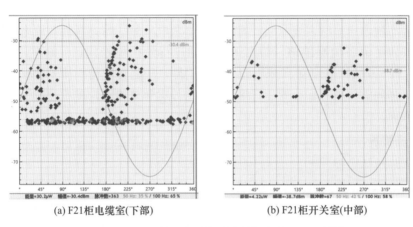

(a) F21柜电缆室(下部)　　　　　　(b) F21柜开关室(中部)

图 5-5-6　F21 开关柜中下部测试的超高频 PRPD 图谱

为提高定位的精准度，采用双传感器的特高频时差定位法进行放电源定位，如图 5-5-7 所示，F21 柜电缆室采集的暂态地电压波信号先于 F21 开关室信号到达，验证了以上定位结果的准确性。

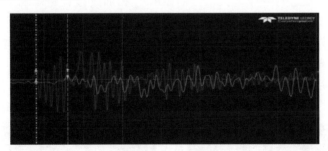

图 5-5-7　特高频时差法定位

（5）局部放电类型

采用 DMS 特高频局部放电检测系统与 PD71 特高频局部放电检测仪对采集到的局部放电信号进行放电类型的识别，其中 DMS 分析放电类型为绝缘件内有气泡或绝缘件表明脏污，PD71 分析放电类型为绝缘缺陷（绝缘材料的层间、绝缘材料与导体任何层间分离），相应的特高频 PRPD 检测图谱如图 5-5-8 所示。

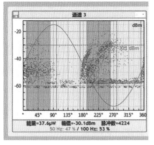

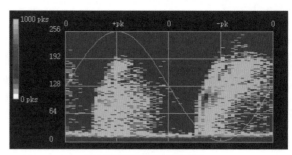

(a) PD71测试的 PRPD图谱　　　　　　　(b) DMS测试的 PRPD图谱

图 5-5-8　F21 开关柜观察窗位置测到的 PRPD 图谱

3. 综合分析

通过暂态地电压短时在线监测、超声波局部放电检测、特高频局部放电检测与定位等手段，确定了设备内部缺陷，给出了相应的运行维护检修建议。缺陷来源于 10kV♯2高压室 F21 开关柜电缆室 A 相电缆头绝缘附件，缺陷类型为固体绝缘材料内部的气泡放电或气体间隙放电。相应的运行维护建议为停电解体检查，避免运行过程中突发性绝缘击穿故障。

4. 验证情况

（1）现场解体验证

停电后对 F21 柜开关室、母线室及邻近开关柜进行了暂态地电压局部放电及超声波局部放电测试，未检测到异常局部放电信号。其次，对 F21 柜开关室及邻近开关柜进行了特高频局部放电检测，未见异常放电信号。对柜内部件进行外观检查，未发现明显污秽、元件残旧破损等缺陷。综合测试可知运行过程中的局部放电信号来源于 F21 柜电缆室内。

采取分段三相加运行相电压来排查局部放电源的方法，进行开关柜内具体绝缘件缺陷的定位，最终发现异常信号来源于线路侧接地刀闸静触头支撑绝缘子。分相对线路侧隔离刀闸到电缆出线进行耐压试验，结果显示 A 相加压过程中出现了相同特征的局部放电信号，确定信号出现在 A 相的线路侧接地刀闸静触头支撑绝缘子。将 A 相线路侧接地刀闸静触头与静触头连接解开，逐段进行耐压试验。结果显示单独对 A 相线路侧接地刀闸静触头支撑绝缘子进行试验时信号出现，其他部位无信号。通过分段分相耐压时 UHF 测试表明，异常信号来源于 F21 柜电缆室内 A 相线路侧接地刀闸静触头支撑绝缘子，可能存在内部气泡的局部绝缘缺陷。相应的加压测试结果如图 5-5-9 所示。

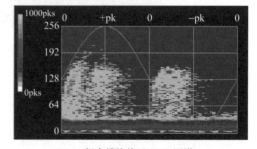

(a) 异常开关柜交流耐压测试　　　　　　(b) A相支撑绝缘子PRPD图谱

图 5-5-9　F2 柜 A 相线路侧接地刀闸静触头支撑绝缘子加压局部放电数据

（2）实验室验证

为进一步确定该缺陷支撑绝缘子的故障，对其进行了检查性试验。开展的检查试验包括加压时特高频局部放电试验、脉冲电流法局部放电试验、紫外线成像测试。加压时试验发现，该缺陷支撑绝缘子特高频局部放电信号稳定，绝缘缺陷的放电特征明显。利用脉冲电流法测试发现，该缺陷支撑绝缘子局部放电信号稳定，内部放电特征明显。利用紫外线成像仪测试未发现明显放电，该支撑绝缘子的缺陷来自内部，表明无明显放电痕迹。上述测试表明，F21 柜 A 相线路侧接地刀闸静触头支撑绝缘子存在内部缺陷，为该站 10kV ♯2 高压室异常信号的来源。试验检测如图 5-5-10 所示。

(a) 大厅检查试验

(b) 缺陷支撑绝缘子

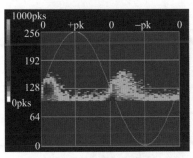

(c) 特高频局部放电检测图谱

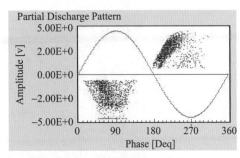

(d) 脉冲电流法局部放电检测图谱

图 5-5-10　F21 开关柜 A 相线路侧接地刀闸静触头支撑绝缘子加压局部放电数据

5. 案例总结

（1）停电后对 F21 柜母线及其余开关柜局部放电测试状态正常，说明隐患范围可缩小至 F21 柜下部区域。更换后 F21 柜 A 相线路侧接地刀闸静触头支撑绝缘子后，整体耐压试验通过并且未发现局部放电特征信号，结果充分说明隐患已彻底消除。

（2）现场检测面临大量复杂电磁干扰信号，试验专业人员通过多种先进状态监测技术的灵活组合应用，试验数据得到相互印证，提升了试验诊断的准确性，结论可信度较高。

（3）现场进行了高压开关柜局部放电信号厘米级空间定位技术应用，较以往缺陷通常定位至某一面开关柜，本次现场通过采用暂态地电压、特高频局部放电三维时差定位，成功将缺陷位置精确缩小至开关柜内某个部件，为精准检修处理提供了高水平支撑。

案例 5-6　配网开关柜局部放电综合带电检测技术

(配网开关柜超声波检测异常)

1. 情况说明

某配网开关柜开展例行带电检测过程中，发现 G02 开关柜存在异常超声波局部放电信号，通过暂态地电压局部放电检测比对，未发现异常暂态地电压检测结果。在缺陷跟踪检测中，暂态地电压局部放电检测数据正常，超声波局部放电检测数据不稳定。

2. 检测过程

(1) 特高频局部放电检测

G02 开关柜超声波局部放电检测数值异常，对异常开关柜进行特高频局部放电检测，发现异常信号图谱中含有大量的 100Hz 的局部放电信号，表明局部放电信号在工频周期内具有对称性，且实测图谱与绝缘件表面金属尖端放电、绝缘表面沿面放电时的 PRPD 图谱接近。基于开关柜内部结构，分析放电信号来源于柜内电缆头，相应的特高频局部放电检测 PRPD 图谱如图 5-6-1 所示。

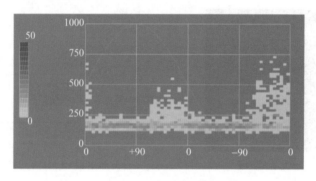

图 5-6-1　异常开关柜特高频局部放电图谱

(2) 特高频局部放电定位

对开关柜建立空间直角坐标系，并运用"比较法"检测。为便于分析信号衰减情况，定义衰减系数，将某一轴向的所有检测信号进行标幺化，见式 (5-6-1)。

$$\alpha_i = \frac{UHF_i}{UHF_{max}} \tag{5-6-1}$$

式中　α_i——衰减系数；

UHF_{max}——特高频局部放电信号的最大值；

UHF_i——某一位置的特高频信号的幅值。

图 5-6-2 为特高频局部放电拟合后的纵向比较结果。由图可知，随着检测仪器与开关柜的距离增大，特高频的衰减系数呈现下降趋势，即局部放电信号源确实位于开关柜内部。

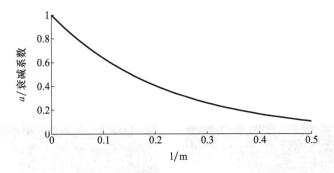

图 5-6-2　特高频局部放电纵向比较结果

横向比较中，对 G01、G02 和 G03 三个开关柜及柜体两侧逐个进行特高频局部放电检测。图 5-6-3 为拟合后的横向比较结果，由图可知，衰减系数在 1.5 个单位长度（即一个开关柜的长度）时取得最大值，此时对应的开关柜为 G02 开关柜，故判断放电信号来源于 G02 内部。

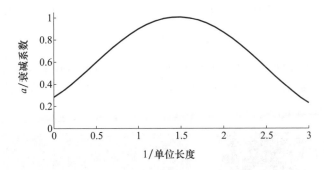

图 5-6-3　特高频局部放电横向比较结果

以 G02 开关柜为检测对象，采用"竖向比较法"实现信号源的最终定位，拟合图像如图 5-6-4 所示，由图可知衰减系数在柜体中部稍偏下处达到峰值，故局部放电信号源可能来自 G02 开关柜电缆室内部。

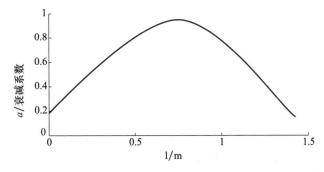

图 5-6-4　特高频局部放电竖向比较结果

3. 综合分析

通过超声波局部放电检测、特高频局部放电检测与定位等手段，确定了设备内部缺陷，给出了相应的运行维护检修建议。缺陷来源于开 G02 开关柜 B 相绝缘接线柱表面，缺陷类型为固体绝缘材料表面脏污导致的沿面放电。相应的运行维护建议为停电解体检查，避免运行过程中突发性绝缘闪络故障。

4. 验证情况

停电后打开 G02 开关柜，检查发现该柜 B 相绝缘接线柱表面有明显沿面放电现象，均压球表面有放电痕迹，见图 5-6-5。

(a) 修复前的B相绝缘接线柱　　　　(b) B相绝缘接线柱的放大图

图 5-6-5　PRPD 图谱

对导体表面打磨处理、电缆线耳螺栓紧固、绝缘表面清理和绝缘表面喷涂绝缘漆，修复后的设备未检测到运行过程中局部放电信号，相应的绝缘接线柱修复情况及特高频局部放电检测数据见图 5-6-6。

 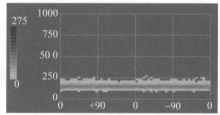

(a) 修复后的绝缘接线柱　　　　(b) 修复后检测图谱

图 5-6-6　修复后的设备及检测图谱

5. 案例总结

（1）暂态地电压局部放电检测对绝缘件表面放电特征不敏感，超声波局部放电检测法、特高频局部放电检测法可以实现开关柜内绝缘件沿面放电的诊断分析，并能依据局部放电信号衰减特征完成缺陷的定位预警。

（2）特高频局部放电检测方法具有较强的抗电磁干扰能力，并能通过特高频局部放电检测图谱特征给出相应的缺陷放电类型。

第六章　电缆带电检测案例分析

案例 6-1　220kV 电缆外护层接地电流带电检测

1. 情况说明

某 220kV 电缆负荷电流 1302A 时，带电检测中发现电缆最大接地电流为 132A，发生在 2♯接头 A 相，超过 100A 的共有 4 处，接地电流超标。依据有关标准规定，电缆接地电流超过 100A 属于严重缺陷，因此申请停电处理。

2. 检测过程

（1）检测仪器及装置

手持式电缆外护层接地电流检测仪。由主机（检测仪）和钳型互感器（卡钳）组成，其结构见图 6-1-1。

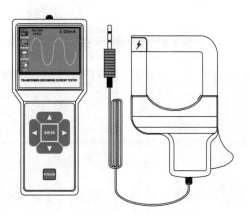

图 6-1-1　手持式电缆外护层接地电流检测仪结构图

（2）检测数据

带电检测中发现电缆最大接地电流为 132A，发生在 2♯接头 A 相，超过 100A 的共有 4 处。

3. 综合分析

结合电缆线路的负荷情况，依据下列试验标准比较测试结果是否满足测试标准要求：

（1）橡塑绝缘电力电缆外护层接地电流：小于 100A，且接地电流与负荷比值小于 20％（注意值）；

（2）对于接地电流异常的电缆线路进行跟踪分析，对于问题严重设备应在一周内进行复测；

（3）单端接地方式，对于电缆护层单端接地方式，接地电流主要为电容电流，不应随负荷电流变化而变化，单芯电缆的三相接地电流应基本相等，电流绝对值不应与负荷电流比较，而应当与设计值或计算值进行比较，偏差较大时应查明原因；

（4）双端接地方式，对于电缆护层两端接地方式，接地电流主要为感应电流，其大小与负荷电流近似成正比。当三相非正三角形布置时，单芯电缆的三相接地电流会有差别（边相比中相大），但最大值与最小值之比应小于2，接地电流的绝对值应不超过负荷电流的10%，否则应采取措施，如改为电缆护层单端接地或交叉互联系统等；

（5）交叉互联接地方式，对于交叉互联系统，正常情况下应当三相平衡且数值都不大，当接地电流大于负荷电流的10%或三相差别较大时，应检查交叉互联接线是否错误，分段是否合理。

4. 验证情况

（1）红外线测温

对电缆进行了红外线测温，热像图如图 6-1-2 所示。

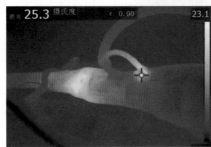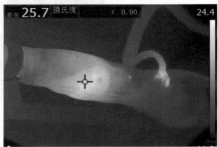

图 6-1-2　电缆热像图

（2）停电检查

电缆停电进行缺陷查找，发现存在外护套破损，如图 6-1-3 所示。

图 6-1-3　220kV 电缆外护套破损

（3）互联系统接线位置检查

对第一段交叉互联系统（1♯、2♯、3♯中间接头）接头及接地箱、交叉互联箱进行了检查，中间接头位置及交叉互联电缆接线正确，接地箱及交叉互联箱使用位置及内部接线正确，无异常。

（4）护层保护器试验

对第一段交叉互联系统的护层保护器进行了试验，护层保护器正常。

（5）外护套的绝缘电阻试验及直流耐压试验

对第一段交叉互联系统的电缆进行外护套的绝缘电阻试验及直流耐压试验，发现 A 相（2♯～3♯接头中间位置）直流耐压加压至 6kV 未通过，发现电缆外护套上存在一个破损，对此划痕进行处理，再次试验合格。

5. 案例总结

采用手持式电缆外护层接地电流检测仪，发现 220kV 电缆接地电流异常，进行了红外线测温和直流耐压试验，找到了故障部位于外护套上存在一个破损。

案例 6-2　220kV 电缆终端和接头局部放电带电检测

1. 情况说明

110kV 及以上高压电缆局部放电带电检测是高压电缆绝缘状态检测的关键手段，通过中间接头和终端头的局部放电带电测试可以有效发现电缆局部放电缺陷，目前常用的局部放电带电巡检手段为高频 CT 局部放电检测方法，在屏蔽接地线上采集脉冲电流信号进行特征图谱分析以判断是否存在局部放电。在电缆局部放电带电巡检中，发现了 220kV 某甲、乙线电缆两个终端及两个中间接头均存在异常局部放电信号，判断为电晕放电，且信号幅值较大。

2. 检测过程

（1）检测仪器及装置

测试采用电缆局部放电带电测试仪。

（2）检测数据

220kV 某甲、乙线电缆回路结构类似，长度和附件数量一致，交叉互联结构一致，见图 6-2-1。

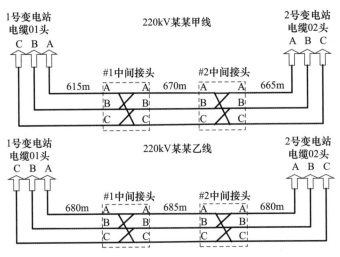

图 6-2-1　某甲、乙线电缆回路图

电缆局部放电带电测试结果见表 6-2-1。

表 6-2-1　电缆局部放电带电测试结果

相别	特征	某甲线测试位置			
		电缆 01 头	＃1 中间接头	＃2 中间接头	电缆 02 头
A	局部放电类型	电晕信号	表面/内部放电	内部放电/电晕	内部放电/电晕
	幅值（mV）	150	100	200	400
	频率（MHz）	0～4	0～3	0～3	0～5

续表

相别	特征	某甲线测试位置			
		电缆 01 头	#1 中间接头	#2 中间接头	电缆 02 头
B	局部放电类型	电晕信号	内部放电	无效数据	电晕/内部放电
	幅值（mV）	400	100	170	400
	频率（MHz）	0～5	0～3	0～8	0～8
C	局部放电类型	电晕信号	内部放电	内部放电	电晕信号
	幅值（mV）	250	170	220	600
	频率（MHz）	0～4	0～3	0～5	0～5

相别	特征	某乙线测试位置			
		电缆 01 头	#1 中间接头	#2 中间接头	电缆 02 头
A	局部放电类型	电晕信号	电晕信号	电晕信号	电晕信号
	幅值（mV）	280	200	280	320
	频率（MHz）	4～5	0～1	0～2	0～5
B	局部放电类型	电晕信号	电晕信号	电晕信号	电晕信号
	幅值（mV）	130	180	200	500
	频率（MHz）	3～4	0～2.5	0～2.5	0～5
C	局部放电类型	无效数据	电晕信号	电晕信号	电晕信号
	幅值（mV）	300	150	150	180
	频率（MHz）	0～4	1～2	0～3	0～5

　　通过幅值比较可以初步判断甲、乙线电缆沿线均存在局部放电信号，且以电晕信号为主。且电缆 02 头位置局部放电信号幅值均较大，初步判断局部放电信号来自铁南站一侧，向聚龙站衰减。

　　在同一相电缆的不同本体位置上采用双 CT 检测不同位置的脉冲信号，并同时采用示波器检测两路信号，见图 6-2-2。发现靠近 2 号变电站侧的脉冲信号先到达，进一步判断局部放电信号来自 2 号变电站侧。

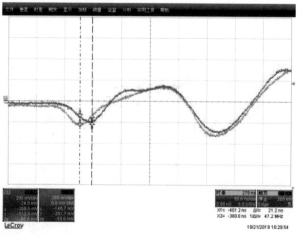

图 6-2-2　两路局部放电信号

对 2 号变电站与甲、乙线电缆连接的 GIS 设备进行局部放电检测未发现明显局部放电信号。

3. 综合分析

分析诊断流程如图 6-2-3 所示。

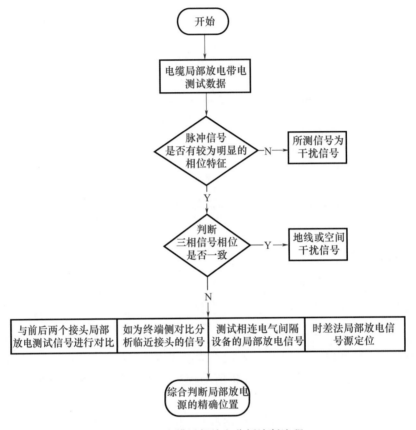

图 6-2-3 电缆局部放电分析诊断流程

通过综合分析判断发现，220kV 某甲线电缆局部放电信号为变电站内设备电晕干扰引起。

4. 验证情况

在 2 号变电站进一步采用紫外仪检测电晕信号来源，发现 2 号变电站 GIS 出现套管与♯2B 主变压器、♯3B 主变压器、♯4B 主变压器变高引线的连接线附近位置未采用的连接线夹尖端处存在较为强烈的电晕放电现象（♯1B 主变压器已经停电），初步怀疑电缆中电晕信号来自这些线夹的尖端电晕放电。电晕信号沿着导体传向铁聚甲乙线电缆，从而在电缆沿线检测出电晕信号。而电晕信号由于频率较低无法用特高频的方法在 GIS 上检出。

5. 案例总结

通过案例分析，总结出电缆局部放电缺陷诊断的一般方法，通过脉冲电流法局部放电检测进行电缆局部放电巡检，如发现异常则可以采用幅值比较、相位比较、时差法、外部局部放电源排查等方法综合判断局部放电信号来源。注意带电巡检要仔细，精确诊断要全面，判断结果要准确。

案例 6-3　110kV 侧进线间隔电缆终端气室内部放电检测

1. 情况说明

2019 年 10 月 20 日，采用特高频法、超声波法对某变电站 110kV GIS 进行局部放电带电检测，测试发现 1♯主变压器 110kV 侧进线间隔电缆终端气室内存在异常的放电信号。

2019 年 10 月 25 日，电力公司对 1♯主变压器 110kV 侧进线间隔进行停电检修，解体发现 A 相电缆终端导电端子与电缆应力锥均压环存在放电痕迹。

2. 检测过程

（1）检测仪器及装置

使用 JD-S10 检测仪对异常的特高频信号进行定位分析。

（2）检测数据

检测结果如图 6-3-1 所示。

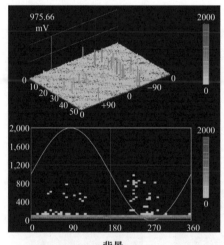

背景

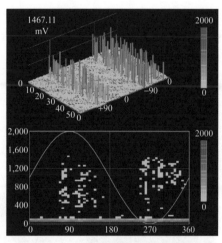

1号检测点

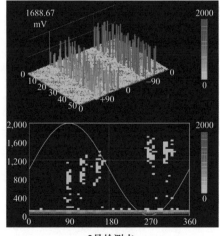

2号检测点

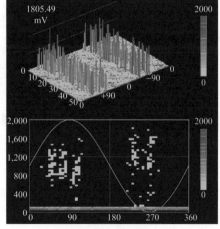

电缆终端A相检测点

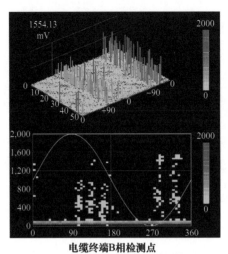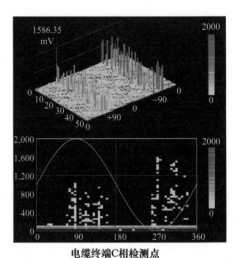

图 6-3-1　局部放电检测结果

由图 6-3-1 中的数据可以看出，JD-S10 检测仪在 1♯ 主变压器 110kV 侧进线间隔 1 号检测点测得的信号幅值约为 1467.11mV，2 号检测点的信号幅值约为 1688.67mV，电缆终端 A 相检测点的信号幅值约为 1805.49mV，电缆终端 B 相检测点的信号幅值约为 1554.13mV，电缆终端 C 相检测点的信号幅值约为 1586.35mV，通过比较 5 个检测点的信号幅值可知，放电源应靠近电缆终端 A 相检测点，初步判断放电源大致位于 1♯ 主变压器 110kV 侧进线间隔电缆气室内 A 相。

3. 综合分析

采用 JD-S10 局部放电检测仪对 1♯ 主变压器 110kV 侧进线间隔电缆进行高频检测，检测结果见图 6-3-2。

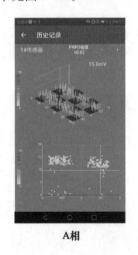

图 6-3-2　高频检测结果

由图 6-3-2 中的数据可以看出，A 相幅值为 15.8mV，B 相幅值为 6.3mV，C 相幅值为 6.3mV，通过比较三相高频信号幅值可知，放电源应来自 A 相。

4. 验证情况

使用 JD-S100 检测系统对异常特高频信号进行定位分析，将绿色标识的特高频传感器贴在电缆终端头上，将红色标识的特高频传感器贴在电缆终端头法兰上。检测结果表明：绿色标识的特高频信号在时间上与超前于红色标识的特高频信号约 2ns，因而该放电源应靠近绿色标识的传感器。

进一步，使用高频脉冲电流法对 1♯主变压器 110kV 侧进线间隔电缆终端放电信号进行检测，高频电流传感器（黄色标识）放置在 A 相电缆接地线上，高频电流传感器（绿色标识）放置在 B 相电缆接地线上，高频电流传感器（红色标识）放置在 C 相电缆接地线上。发现 1♯主变压器 110kV 侧进线间隔电缆终端 A 相信号与 B、C 相信号极性相反，因此该放电信号应来自 A 相。

5. 案例总结

该案例表明对于 GIS 电缆终端进行局部放电检测时，可采用特高法、高频法等多种检测技术进行相互验证，以对信号进行综合分析。

基于信号强度，特高频可使用幅值定位法对放电源进行初步定位，同时高频局部放电检测法可协助进行放电源定相。

案例 6-4　110kV 电缆分布式局部放电检测

1. 情况说明

2019 年，某 110kV 交联聚乙烯电缆安装完成后，依据 GB 50150—2016《电气装置安装工程电气设备交接试验标准》及 Q/GDW 11316—2018《电力电缆线路试验规程》，在主绝缘交流耐压试验期间开展分布式局部放电检测。

2. 检测过程

（1）检测仪器及装置

110kV 电缆全长 1735m，4 个中间接头分别位于 344m、697m、1072m 和 1422m 处，共使用 6 个检测单元，采用无线组网方式进行分布式局部放电同步检测。

在高压电缆终端和中间接头处安装同步线圈及高频电流传感器，分别采集试验电压波形及局部放电脉冲，原始数据及本地分析结果经 4G 通信单元上传至云服务器，由智能分析软件实现电缆绝缘状态诊断。

（2）检测数据

测试得到 C 相终端处实测 PRPD 图谱及等效时间-等效频率（TF）图谱。依据 TF 分离后，软件自动判别黄色点簇为电晕放电信号，等效时间和等效频率分别为600～1200ns 和 10～23MHz；粉红色点簇为噪声信号，等效时间和等效频率分别为 2100～3200ns 和 11～17MHz。电晕放电和噪声 PRPD 图谱（子 PRPD 图谱）、脉冲波形及波形频谱分别见图 6-4-1 和图 6-4-2。

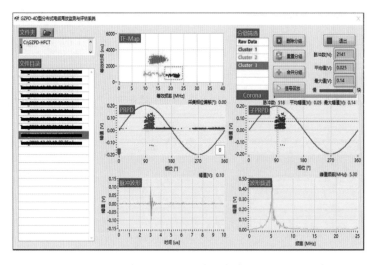

图 6-4-1　电晕放电 PRPD 图谱、脉冲波形及波形频谱

3. 综合分析

电缆 A 相及 B 相各检测点处电缆本体及附件均未检测到放电信号，在 C 相终端检测点发现局部放电信号。

经智能分析软件分离分类处理及故障类型识别后，判断 C 相终端存在电晕放电。

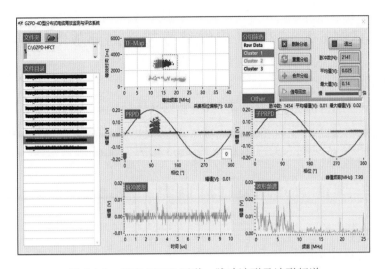

图 6-4-2　噪声 PRPD 图谱、脉冲波形及波形频谱

4. 验证情况

现场观察发现，C 相电缆终端头处存在明显毛刺，导致发生局部放电。停电打磨处理后，局部放电信号消失。

5. 案例总结

对高压电缆实施局部放电检测可在故障前有效地排除其绝缘缺陷，是确保电缆及整个电力系统安全稳定运行的关键。现有交直流耐压试验、超低频耐压试验及振荡波电压试验仅适用于电缆的离线检测，便携式局部放电检测设备受放电脉冲衰减影响，在实际应用中存在一定的局限性。本案例介绍的电缆分布式局部放电监测系统采用高频电流检测、高性能数据采集单元、云服务器、4G 传输、边缘计算、分布式组网、TF 分离分类、神经网络、故障数据库等先进技术理念，可应用于高压电缆的耐压试验局部放电检测及带电状态下短期或长期重症监护，实现长距离新敷设电缆和疑似问题电缆绝缘状态的全面诊断，大幅提高了检测的可靠性及经济性，具有应用推广价值。

案例 6-5 220kV 电缆终端接头局部放电检测

1. 情况说明

2016 年 11 月 9 日，某电力公司在巡测 220kV 某变电站的过程中，发现 220kV 2202 间隔 C 相存在异常特高频信号，确定放电源位于 220kV2202 间隔 C 相电缆终端头。11 月 15 日，检测人员对该放电点进行复测，复测结果与 11 月 9 日的基本一致。

11 月 18 日，对存在放电的 220kV2202 间隔 C 相电缆终端头进行现场停电解体维护。

2. 检测过程

（1）检测仪器及装置

特高频局部放电测试仪、高频局部放电测试仪、超声波局部放电测试仪。

（2）检测数据

对 220kV 某变电站进行局部放电检测中，发现 2202 间隔 C 相电缆终端接头附近存在异常的高频信号、特高频信号及超声信号，呈明显的放电特征，检测数据如图 6-5-1 所示。

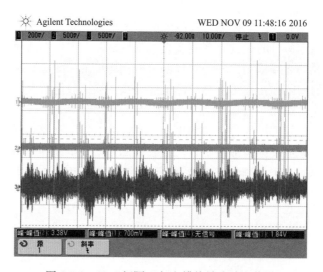

图 6-5-1　2202 间隔 C 相电缆终端头放电信号

3. 综合分析

采用特高频时差法进行定位，将绿色标识的特高频传感器固定在 220kV 2202 间隔 C 相电缆终端头上，红色标识的特高频传感器固定在 220kV2202 间隔 C 相上方的法兰接缝处，由图 6-5-2 可见，绿色标识的特高频信号在时间上明显超前于红色标识的特高频信号，因此，放电源更靠近 2202 间隔 C 相电缆终端头。

综合采用了高频法、特高频法和超声法，最终确定局部放电信号源位于 220kV2202 间隔 C 相电缆终端接头，放电类型为绝缘类放电。

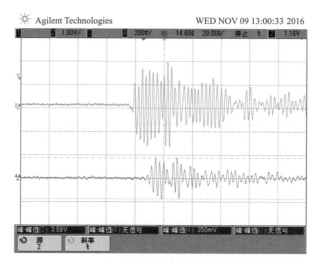

图 6-5-2　现场定位测试数据

4. 验证情况

2016 年 11 月 18 日，电力公司对存在放电的 220kV2202 间隔 C 相电缆终端头进行现场停电解体维护，验证结果如图 6-5-3 所示。产生局部放电主要是因为电缆终端头内部缺少绝缘硅油，导致绝缘性能下降，此次及时发现缺陷避免了电缆终端头绝缘击穿事故的发生。

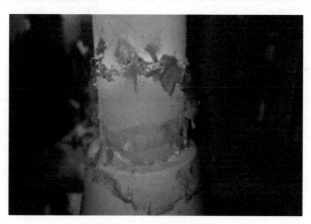

图 6-5-3　放电源位置

5. 案例总结

对于电缆终端进行局部放电检测时，应注意采用多种检测技术进行相互验证，某一相电缆终端发送放电时，往往另外两相也会检测到信号。

通过特高法、高频法及超声法联合检测技术进行相互验证，以对信号严重性进行综合分析。

案例 6-6　220kV GIS 电缆终端声-电-化联合检测

1. 情况说明

2014 年 5 月，电力公司对某 220kV 组合电器内电缆终端开展高频局部放电检测时发现某间隔 B 相电缆终端存在异常放电图谱，应用超声波、SF_6 气体分解产物等方法成功定位定性设备内部缺陷，实现了应用声-电-化联合检测判断组合电器设备内部放电的目的。

2. 检测过程

（1）检测仪器及装置

高频局部放电测试仪、超声波局部放电测试仪、SF_6 气体分解产物检测装置。

（2）检测数据

① 高频局部放电检测

2014 年 5 月 20 日，试验人员对某 220kV 变电站组合电器电缆终端进行高频局部放电检测时发现某间隔电缆终端检测结果异常，测试结果显示 A、B、C 三相均有疑似放电图谱，其中 A 相幅值约为 300mV、B 为 570mV、C 相幅值约为 502mV，其中 B 相放电幅值最大，B 相检测图谱如图 6-6-1 所示。

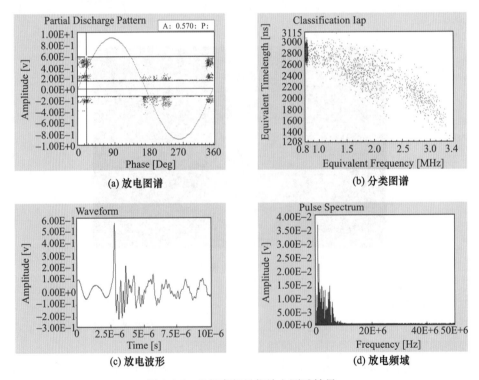

图 6-6-1　B 相高频局部放电测试结果

通过放电图谱（a）可以看出，在相位角为 0°与 180°时，放电特征点居多，且随电压升高没有明显增长趋势。这与典型电缆终端放电图谱不吻合，怀疑检测到的频率为

1～3.4MHz 的放电高频电磁信号与电缆所连接的组合电器有关。

② 超声波局部放电检测

对组合电器三相所有气室进行超声波局部放电检测，检测顺序依次为电缆出线气室、－2 刀闸、CT、断路器气室。当测量到 B 相断路器气室时，连续测量模式下有效值、峰值明显高于其他气室 10 倍以上，100Hz 相关性明显，如图 6-6-2 所示。相位测量模式下呈现与相位相关放电图谱，如图 6-6-3。

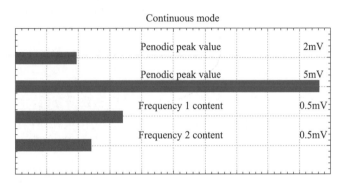

图 6-6-2　连续测量模式

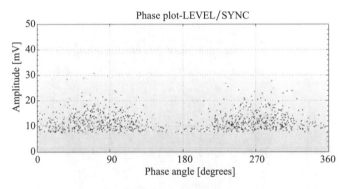

图 6-6-3　相位测量模式

③ SF_6 气体分解产物检测

对该间隔三相断路器进行 SF_6 气体分解产物气相色谱分析，检测结果见表 6-6-1。

表 6-6-1　气体分解产物气相色谱分析结果　　　　　　　　　　　　μL/L

分解产物	A 相	B 相	C 相
H_2	9.99	6.10	6.68
CH_4	0.14	0.19	0.10
CO	9.64	9.29	7.46
CF_4	0.99	786.62	0.90
CO_2	3.13	2.12	1.74
C_2F_6	14.19	17.49	16.73
C_3F_8	4.62	4.38	3.83

从 SF$_6$ 气体分解产物可以看出 B 相 CF$_4$ 分解产物为 $786.62\mu L/L$，明显高于新气标准要求，且与 A、C 相检测结果相对比，B 相 CF$_4$ 含量明显偏高。根据 SF$_6$ 分解产物检测结果分析，可以确定 B 相分解产物存在异常，由于分解产物测试未检出 SO$_2$、H$_2$S、HF 等电弧放电的特征组分，由此可以推断不存在电弧放电情况，或放电量较小以至于可能产生的电弧放电特征组分已与气室内水分、金属材料反应或被气室内吸附剂吸附。CF$_4$ 是聚四氟乙烯（喷口主要材料）裂解的特征组分，SF$_6$ 气体和聚四氟乙烯在电弧高温作用下分解，主要产生 SO$_2$、SOF$_2$、CF$_4$ 和 HF，但除 CF$_4$ 外，SO$_2$、SOF$_2$、HF 均可被吸附剂完全吸收。聚四氟乙烯绝缘材料现阶段只用于灭弧室喷口，断路器内其余绝缘材料采用的是环氧树脂绝缘材料，环氧树脂绝缘材料不会分解产生 CF$_4$。

3. 综合分析

通过高频、超声波、SF$_6$ 气体分解产物三项带电检测数据分析，可以判断该组合电器 B 相断路器气室内部存在自由金属颗粒放电，且颗粒是由灭弧室内部触头磨损产生。

4. 验证情况

现场开罐检查发现，断路器气室内部存在大量深灰色粉末，附近盆式绝缘子表面附着大量粉末。将灭弧室在厂内解体检查发现，内部触头磨损严重，且厂内开关分合 50 次后，罐内发现大量金属铜碎屑。灭弧室内部触头磨损情况见图 6-6-4 所示。

图 6-6-4　灭弧室内部触头磨损情况

5. 案例总结

本案例是应用电缆高频局部放电、超声波局部放电、SF$_6$ 气体分解产物检测的三种带电检测方法，综合对 220kV 组合电器开展综合诊断分析，三种方法互为补充，对缺陷进行准确定性、定位、定量。

案例 6-7 110kV GIS 电缆终端局部放电检测

1. 情况说明

2018 年 10 月 30 日，某 110kV 变电站开展局部放电带电检测工作，发现 110kV GIS 电缆终端气室超声波、特高频信号异常，与其他电缆终端气室对比存在明显差异性。对检测图谱进行分析，初步判断放电性质为悬浮放电。电缆终端为三相共体结构，采用幅值对比法对放电部位进行精确定位，最终确定放电部位位于 A 相电缆终端头。对放电图谱进行特征分析，放电幅值和放电次数较少，放电应处于发展初期阶段。

2019 年 3 月 5 日，再次对 110kV GIS 电缆终端气室进行局部放电复测，发现局部放电脉冲次数明显增多，内部放电性缺陷有恶化趋势，建议尽快停电处理。

2019 年 3 月 10 日，对该 GIS 设备进行停电处理，解体后发现 A 相电缆终端头均压环松动导致悬浮放电，均压环局部区域发现明显放电灼烧痕迹。处理并恢复送电后，局部放电现象消失。

2. 检测过程

（1）检测仪器及装置

TWPD-510 手持式局部放电巡检仪、TWPD-2623 便携式局部放电巡检仪、TWPD-610 手持式无线互联智能巡检仪。

（2）检测数据

① 超声波局部放电检测

2018 年 10 月 30 日，对 110kV GIS 电缆终端气室开展超声波局部放电带电检测。超声波检测过程中，发现 110kV GIS 电缆气室超声信号异常，超声检测背景 1.0mV，实际检测值 3.4mV，超声波检测图谱如图 6-7-1 所示。

沿气室圆周方向进行超声波检测，检测幅值基本一致，初步判断信号来自内部导体。

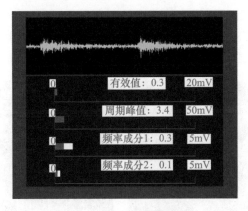

图 6-7-1 超声波检测图谱

② 特高频局部放电检测

使用特高频传感器对 110kV GIS 电缆终端气室进行特高频检测时，发现该气室存在特高频异常信号，且 A 相电缆终端特高频检测幅值强于 B、C 相特高频检测幅值。结合幅值定位法，初步判断放电部位位于 A 相电缆终端位置。

三相电缆终端特高频检测图谱，如图 6-7-2 所示。

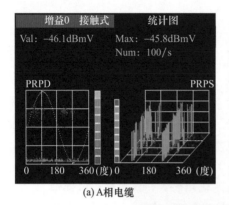
(a) A相电缆

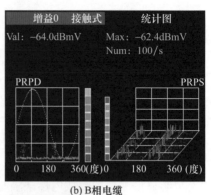
(b) B相电缆

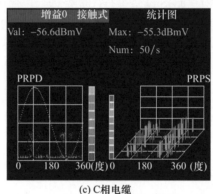
(c) C相电缆

图 6-7-2　特高频局部放电检测图谱

③ 持续跟踪复测

2019 年 3 月 5 日，对 110kV GIS 电缆终端气室进行局部放电复测，发现超声信号幅值明显增强，放电次数明显增多，超声检测背景 1.0mV，实际检测幅值为 4.8mV，超声波检测图谱如图 6-7-3 所示。使用特高频传感器对 110kV 电缆气室进行特高频局部放电复测，发现放电次数明显增多，检测图谱如图 6-7-4 所示。

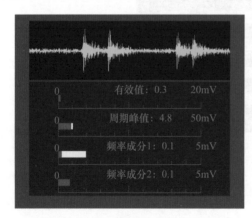

图 6-7-3　超声波检测图谱

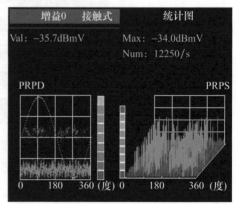

图 6-7-4　特高频检测图谱

通过对局部放电信号的持续跟踪检测，发现电缆终端气室局部放电缺陷存在进一步恶化的情况。

3. 综合分析

通过对 110kV GIS 电缆终端气室进行局部放电带电检测，结合超声波和特高频检测结果，判断该电缆气室内部存在局部放电情况。对超声波和特高频检测图谱进行特征分析，符合悬浮放电特征，且通过特高频幅值比较法判断局部放电位置位于 A 相电缆终端。

通过缩短检测周期，持续跟踪检测局部放电异常信号，发现局部放电信号幅值增强，放电次数增多，局部放电缺陷程度进一步加重。

根据局部放电缺陷部位及性质，缺陷定位在 A 相电缆终端连接部位，持续跟踪复测发现缺陷程度进一步加重，为严重缺陷。该部位产生局部放电可能的原因主要有：
（1）在装配过程中，触头连接处上下对接时存在误差，对接不严密；
（2）在装配过程中，应力锥位置由于受力不均产生位移，使局部场强增强；
（3）均压环夹紧力不够，产生缝隙，造成悬浮放电的情况；
（4）电缆终端连接由于存在设计缺陷，导致设备长期运行时，连接附件松动。

4. 验证情况

2019 年 3 月 10 日，对该电缆终端进行停电消除缺陷处理。解体后发现 A 相电缆终端头均压环松动导致悬浮放电，均压环局部发现明显放电痕迹，详见图 6-7-5。处理并恢复送电后，局部放电现象消失，局部放电检测图谱如图 6-7-6 所示。

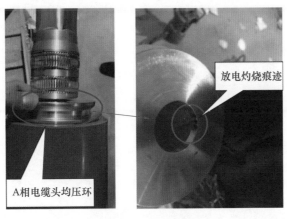

图 6-7-5　解体照片

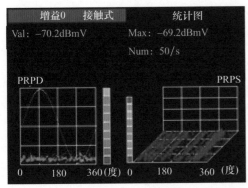
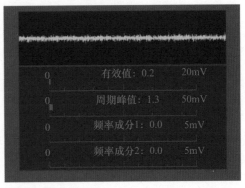

图 6-7-6　恢复送电后局部放电检测图谱

5. 案例总结

（1）对于三相共体结构气室电缆终端局部放电检测时，内部存在放电缺陷时，可采用特高频幅值定位方法进行局部放电缺陷定位，能够达到预期效果。

（2）局部放电缺陷严重程度的判断，应结合当前检测幅值与放电脉冲数量，两者应进行对比分析，然后从缺陷发展速率和缺陷部位等角度综合判断局部放电缺陷严重程度。

（3）超声波和特高频局部放电检测技术的综合应用，为设备内部放电性缺陷的确认、诊断和评估提供了数据支撑，为制定科学合理的检修策略提供了决策依据。